《中国大百科全书》青少年拓展阅读版

建筑艺术

世界经典建筑

中国大百科全书出版社

图书在版编目（CIP）数据

建筑艺术·世界经典建筑／《中国大百科全书》青少年拓展阅读版编委会编．--北京：中国大百科全书出版社，2019.9

（中国大百科全书：青少年拓展阅读版）

ISBN 978-7-5202-0610-5

Ⅰ.①建… Ⅱ.①中… Ⅲ.①建筑艺术－世界－青少年读物 Ⅳ.①TU-861

中国版本图书馆CIP数据核字（2019）第209344号

出 版 人：刘国辉

策划编辑：黄佳辉

责任编辑：黄佳辉

装帧设计：WONDERLAND Book design 仙境 QQ:344581934

责任印制：邹景峰

出版发行：中国大百科全书出版社

地　　址：北京阜成门北大街17号　　邮编：100037

网　　址：http：//www.ecph.com.cn　　电话：010-88390718

图文制作：北京鑫联必升文化发展有限公司

印　　刷：蠡县天德印务有限公司

字　　数：102千字

印　　数：1～10000

印　　张：7.5

开　　本：710mm×1000mm　1/16

版　　次：2019年9月第1版

印　　次：2020年1月第1次印刷

书　　号：ISBN 978-7-5202-0610-5

定　　价：30.00元

序

百科全书（encyclopedia）是概要介绍人类一切门类知识或某一门类知识的工具书。现代百科全书的编纂是西方启蒙运动的先声，但百科全书的现代定义实际上源自人类文明的早期发展方式：注重知识的分类归纳和扩展积累。对知识的分类归纳关乎人类如何认识所处身的世界，所谓“辨其品类”“命之以名”，正是人类对日月星辰、草木鸟兽等万事万象基于自我理解的创造性认识，人类从而建立起对应于物质世界的意识世界。而对知识的扩展积累，则体现出在社会的不断发展中人类主体对信息广博性的不竭追求，以及现代科学观念对知识更为深入的秩序性建构。这种广博系统的知识体系，是一个国家和一个时代科学文化高度发展的标志。

中国古代类书众多，但现代意义上的百科全书事业开创于1978年，中国大百科全书出版社的成立即肇基于此。百科社在党中央、国务院的高度重视和支持下，于1993年出版了《中国大百科全书》（第一版）（74卷），这是中国第一套按学科分卷的大百科全书，结束了中国没有自己的百科全书的历史；2009年又推出了《中国大百科全书》（第二版）（32卷），这是中国第一部采用汉语拼音为序、与国际惯例接轨的现代综合性百科全书。两版百科全书用时三十年，先后共有三万多名各学科各领域最具代表性的专家学者参与其中。目前，中国大百科全书出版社继续致力于《中国大百科全书》（第三版）这一数字化时代新型百科全书的编纂工作，努力构建基于信息化技术和互联网，进行知识生产、分发和传播的国家大型公共知识服务平台。

从图书纸质媒介到公共知识平台，这一介质与观念的变化折射出知识在当代的流动性、开放性、分享性，而努力为普通人提供整全清晰的知识脉络和日常应用的资料检索之需，正愈加成为传统百科全书走出图书馆、服务不同层级阅读人群的现实要求与自我期待。

《〈中国大百科全书〉青少年拓展阅读版》正是在这样的期待中应运而生的。本套丛书依据《中国大百科全书》（第一版）及《中国大百科全书》（第二版）内容编选，在强调知识内容权威准确的同时力图实现服务的分众化，为青少年拓展阅读提供一套真正的校园版百科全书。丛书首先参照学校教育中的学科划分确定知识领域，然后在各类知识领域中梳理不同知识脉络作为分册依据，使各册的条目更紧密地结合学校课程与考纲的设置，并侧重编选对于青少年来说更为基础性和实用性的条目。同时，在条目中插入便于理解的图片资料，增加阅读的丰富性与趣味性；封面装帧也尽量避免传统百科全书“高大上”的严肃面孔，设计更为青少年所喜爱的阅读风格，为百科知识向未来新人的分享与传递创造更多的条件。

百科全书是蔚为壮观、意义深远的国家知识工程，其不仅要体现当代中国学术积累的厚度与知识创新的前沿，更要做好为未来中国培育人才、启迪智慧、普及科学、传承文化、弘扬精神的工作。《〈中国大百科全书〉青少年拓展阅读版》愿做从百科全书大海中取水育苗的“知识搬运工”，为中国少年睿智卓识的迸发尽心竭力。

本书编委会
2019 年 9 月

目录

第一章 埃及古代建筑

[一、埃及古代建筑]

埃及是世界文明古国，公元前第4千纪建立奴隶制国家，营造了人类最早的巨型纪念性建筑物。埃及人用庞大的规模、简洁稳定的几何形体、明确的对称轴线和纵深的空间布局来达到雄伟、庄严、神秘的效果。埃及古代建筑史有三个主要时期：

古王国时期（约公元前27～前22世纪）主要建筑是举世闻名的金字塔。

中王国时期（约公元前22～前16世纪）建筑以石窟陵墓为代表。上埃及首都底比斯所在地区峡谷深窄，悬崖峻峭，法老（国王）陵墓多为在山岩上开凿的石窟，利用原始的巉岩崇拜来神化君主。这时已采用梁柱结构，能建造比较宽敞的内部空间。建于公元前2000年前后的曼都赫特普三世墓是石窟陵墓的典型实例。进入墓区大门，经过一条长约200米、两侧立有狮身人面像的石板路，到达大广场。沿坡道登上平台，台中央有小金字塔，台座三面有柱廊。后面为一院落，四周环绕柱廊。向后进入有 80 根柱子的大厅，再进入凿在山岩里的小神堂。陵墓与壁立的山崖对比强烈，互相映衬，构成雄伟壮丽的统一整体。整个建筑群沿纵轴线布置，严整对称。

新王国时期（约公元前 16～前 11 世纪）是古代埃及鼎盛时期。适应专制统治的宗教以阿蒙神（太阳神）为主神，法老被视为阿蒙神的化身。神庙取代陵墓，成为这一时期最重要的建筑。神庙形制大致相同。除大门外，有三个主要部分：周围有柱廊的内庭院，接受臣民朝拜的大柱厅和只许法老和僧侣进入的神堂密室。大门前为举行群众性宗教仪式的地方。典型的牌楼门是两堵梯形实墙夹着中央门道，轮廓简单、稳重。大片墙面上镌刻着轮廓鲜明的浅浮雕，饰以色彩。大门前常有一两对方尖碑或法老雕像。规模最大的是卡纳克和卢克索的阿蒙神庙。

百柱厅

卡纳克阿蒙神庙占地约 30 万平方米，其百柱厅最负盛名，始建于拉美西斯一世，至其孙拉美西斯二世时期完成，面积约 5000 平方米。厅内竖立高大石柱 134 根，中央两排共 12 根，每根高达 21 米，直径 3.57 米，其余 122 根各高 15 米。厅顶部已残，只保留有狭窄的天窗。大厅使用时期，柱间曾放置众多神像和法老的巨像，光线由天窗射入，在密集的柱群和巨像间形成奇特的光影效果，烘托出神秘气氛，是建筑史上的杰作。

阿蒙神庙南围墙外的通道

[二、金字塔]

一种方锥形建筑物。用砖、石材料建造，或表面覆以砖、石。历史上，埃及、苏丹、埃塞俄比亚、西亚地区、希腊、塞浦路斯、意大利、印度、泰国、墨西哥、南美洲和一些太平洋岛屿上都曾建有金字塔，其中以埃及和中、南美洲的金字塔最为著名。埃及金字塔的底部为矩形，四面为等腰三角形。因其侧影似中国汉字“金”字，故汉语称为金字塔，并以此来命名其他类似埃及金字塔的方锥体建筑物，如美洲四面为梯形、顶部为平台的建筑。在西方则沿用希腊语的“庇拉密斯”（原意为高）称之。

古埃及金字塔 古埃及的金字塔是国王的陵墓，流行于公元前 2650 ～前 1550 年，即古王国至中王国时期。埃及至今留存下来的金字塔约有 90 座。它们设计精密，用工浩大，反映了古代埃及发达的科学技术和高超的建筑才能，是世界闻名的古迹。古埃及人崇奉人死后要妥善保存遗体，使灵魂有所

金字塔内部示意图

寄托的宗教信仰，因而极为重视墓葬的牢固程度。在金字塔出现之前，王公贵族的墓葬是马斯塔巴墓。这种墓的墓穴位于地下，地上以砖、石砌筑长条平台式墓室。古王国时，国王的陵墓由马斯塔巴发展为更为坚固的金字塔。金字塔多用石料砌筑，塔内辟墓室，塔前有祭庙、通道、船壕、围墙等附属建筑，围绕金字塔还有后妃、王子及大臣的坟墓，组成规模宏大的墓地。埃及最早的金字塔是第 3 王朝国王左塞在萨卡拉墓地建筑的阶梯金字塔。此金字塔有 6 层阶梯，实为按马斯塔巴墓形式自下而上逐层缩小而成。高约 60 米，底边东西长约 140 米、南北长 118 米。塔内建深约 28 米的墓室，并附有走廊和墓道。塔周有高 10.4 米、东西长 277 米、南北长 545 米的石灰石围墙。墙内有庭院、祭殿、厅堂。到第 4 王朝，斯奈夫鲁在迈杜姆把第 3 王朝末代王胡尼的阶梯金字塔用石块添补，形成底部方形、立面三角形的金字塔，高 92 米，底边各长 144 米。后又在代赫舒尔为自己建立一座高 101 米、底边各长 189 米的金字塔。这座金字塔先以 54°31′ 的倾斜角修建，在接近塔身一半时改为 43°21′，形成下陡上缓的所谓“弯曲金字塔”。

古埃及最著名的金字塔是胡夫、哈夫拉和门卡乌拉在开罗附近的吉萨修建的三座庞大金字塔，其中尤以胡夫的最为著名。胡夫金字塔又称大金字塔，原高 146 米（现高 137 米），塔基每边长 230 米（现长 227 米），用大约 230 万块平均重 2.5 吨的石材砌成。大金字塔以其形体庞大，设计科学，内部构造复杂而令人惊叹，在古希腊时即被称列入世界七大奇观。哈夫拉金字塔高 143.5 米，底边各长 215.5 米，以宏伟壮观的附属建筑物见长。塔东侧有一平面长方形的祭庙，通常称为上庙。庙的大门内有圆柱宽厅和长厅，庭院中设有祭坛，庭院后面是国王的 5 个小礼拜堂，内各有 1 座哈夫拉的雕像，最后是神殿和库房。靠近尼罗河谷处建有下庙，平面呈方形，规模略小于上庙，内置 23 座国王雕像，入口处还有一座闪绿岩雕像。上庙和下庙间有长约 496 米的通道，著名的狮身人面像即位于下庙的西北方。门卡乌拉金字塔较小，高 66.5 米，底边各长 108.5 米。在这几座大金字塔附近还有一些王妃的小金字塔。

经过第 6 王朝以后和整个第一中间期的衰落，金字塔的构建在中王国时代，随着埃及的再次统一，重又兴起。第 11 王朝第 7 王门图霍特普在底比斯西面的代尔拜赫里建成金字塔与祭殿和岩窟墓相结合的建筑群。第 11、12 王朝的金字塔都是用砖砌成的。目前尚未发现第 14 ～ 16 王朝的金字塔。第 17 王朝的国王在底比斯再一次用砖建筑了金字塔。此后在埃及，金字塔建筑即被岩窟墓所代替。

埃及古王国时代吉萨的三大金字塔

绝大多数金字塔内原保存的国王木乃伊因被盗掘而早已不存。在金字塔及其附属建筑物中，放置有主宰阴间的奥西里斯神像及国王的雕像，但多已毁损。保存较好的《哈夫拉法老像》雕刻精美，神态庄重逼真，反映了古埃及雕刻的高度水平。储藏室里则有随葬的器皿、食品等。1954 年，在胡夫金字塔的船壕中发现两只木船，长 32.5 米，宽 3 米，构件均按标号依次捆束存放，复原后的木船表明，当时造船的技术有很高水平。这种木船与安葬仪式和阴间观念有关，具有宗教意义。后来还在金字塔附近发现营建金字塔的工匠的住宅和墓地。从第 5 王朝起，在国王和贵族陵墓的墙上通常有描绘人们生产、生活场面的浮雕。在第 5 王朝末代王乌纳斯的金字塔中开始出现祝福国王的金字塔文，一般刻在墓壁上。古埃及王国首都孟菲斯及其墓地金字塔已于 1979 年作为文化遗产被列入《世界遗产名录》。

美洲金字塔　在美洲的金字塔中，最著名的有墨西哥中部的特奥蒂瓦坎古城的太阳金字塔和月亮金字塔，奇琴伊察古城的卡斯蒂略金字塔，以及在安第斯人居留地中的各种印加人和奇穆人的建筑物。美洲金字塔一般用土建造，表面砌石，并以呈阶梯形、顶部为平台或神庙建筑为特征。太阳金字塔的底部面积为 220 米 ×230 米，高 66 米。

第二章　巴比伦建筑

[一、巴比伦建筑]

巴比伦建筑创造了用土坯和砖砌筑拱券，以彩色琉璃砖作为建筑装饰的技术。

这种技术传到小亚细亚、欧洲和非洲，对后来的拜占廷建筑和伊斯兰建筑很有影响。新巴比伦城的伊丝塔尔门为半圆券洞，城门墙面全部贴琉璃砖，上有动物形象。边缘、转角处装饰华丽的琉璃花边。

[二、巴比伦古城]

古代西亚巴比伦王朝都城。遗址位于伊拉克首都巴格达以南约 88 千米处。巴比伦，阿卡德语意为“神之门”。乌尔第三王朝时城邦首府。公元前 19 世纪见于记载，当时为城邦。后汉穆拉比统一两河流域，以此为都，并成为祭祀巴比伦主神马尔杜克的中心。前 1595 年毁。此后，该城在加喜特巴比伦、新巴比伦帝国时代均为都城。前 689 年，城市被毁。迦勒底人灭亚述国后，于前 626 年建立新巴比伦王国，城市得到重建。新巴比伦国王尼布甲尼撒二世（前 605 ～前 562）扩建巴比伦城。前 539 年后，该城成为波斯帝国首都之一。前 331 年，为马其顿首都。马其顿王亚历山大大帝死后，巴比伦城渐趋荒废。古希腊历史学家希罗多德曾对尼布甲尼撒二世所建之巴比伦城有过记述。19 世纪前半叶，英、法、德的学者对遗址进行过少量调查和发掘。1899 年起多次发掘。

城市布局 结合史料和发掘成果，可大体复原尼布甲尼撒二世所建的巴比伦城的布局。城市面积 1000 万平方米。幼发拉底河从城中间流过，将城市分为东西两部，主要宫殿和神庙均集中在河东。市街区以两重城墙环绕，外墙为砖砌，内墙为土坯间夹砾石砌成，墙外为护城壕。城中心为长方形的内城，有二重土坯筑城墙和护城河。尼布甲尼撒二世的夏宫即位于内城北端。城市的正门是伊丝塔尔门。城中的马尔杜克神庙正对夏至日出方向，并以神庙为中心确定全城的布局。街道布局成方格形，主干是南北向与河流平行的“游行大街”，大街自伊丝塔

巴比伦城的依丝塔尔城门（西亚巴比伦－亚述时代）

尔门至城外的“新年节庙”的一段装饰有彩釉狮子浮雕的护墙。伊丝塔尔门附近的城墙内外有尼布甲尼撒二世的宫殿——“南宫”和“北宫”，南宫之西为尼布甲尼撒二世之父的旧宫。主神马尔杜克的神庙埃萨吉拉和塔庙埃特曼安吉位于内城中心，埃特曼安吉塔庙就是著名的巴别塔；母神宁玛赫庙和女战神伊丝塔尔庙均位于游行大街之东、伊丝塔尔门外。另外，河西部分也有几处神庙，近河岸处还有仓库和码头。

主要建筑 巴比伦建筑的最高代表是为献给女神伊丝塔尔而建的伊丝塔尔门。大门正面墙上的青地彩釉砖上浮雕出蓝色和黑色的公牛（气候神阿达德的同伴）及代表马尔杜克神的龙形浮雕，龙由蛇、狮子和鹰有特点的部位组成。南宫是国王的主要宫殿，由 5 个院落组成，主门开在东侧，王座殿位于第 3 号院落，内饰彩釉砖组成的花木几何图案和狮子，南宫东北角即为古代地中海世界七大奇观之一的“空中花园”。埃特曼安吉为带正方形围墙的塔庙，墙每边长 400 米，塔基平面正方形，每边长 91 米，塔高 7 层，内为土坯砌，外表覆砖。埃萨吉拉神庙已深埋地下，难以发掘。据希罗多德记载，其内安放有巨大的马尔杜克黄金坐像，重达 22 吨。除宫殿和神庙外，当时的一般民居低矮密集，道路宽度只有 1.5～2 米，房屋均为砖砌，绕中庭而建，布局与王宫有共通之处。1958 年起，伊拉克政府开始对城址中的遗迹进行修复，现已修复的有宁玛赫神庙、伊丝塔尔门、游行大街等，其中宁玛赫庙为 53 米 ×35 米的长方形土坯砌建筑物，表面有白色灰泥装饰。巴比伦建筑创造了用土坯和砖砌筑拱券，以彩色琉璃砖作为建筑装饰的技术。

这种技术传到小亚细亚、欧洲和非洲，对后来的拜占廷建筑和伊斯兰建筑有很深的影响。新巴比伦城的伊丝塔尔门为半圆券洞形，城门墙面全部贴琉璃砖，上有动物形象。边缘、转角处装饰有华丽的琉璃花边。

遗物 城址中出土的遗物有陶器、玻璃器、各种武器、装饰品、圆筒印章、护身符、铭文泥板、浮雕泥板等。在北宫的一个博物馆中发现一个赫梯风格的脚踏敌人的石狮雕像，这里还出土有马里总督像、亚述王铭文泥板、赫梯神像铭文泥板、波斯王铭文板。发现的雕像多为各种风格的红陶制的妇女怀抱婴儿小像，可能是母神宁玛赫的雕像。此外，还出土有青铜狮像的头部及彩釉砖浮雕等。

[三、巴比伦空中花园]

巴比伦空中花园建于公元前6世纪，是新巴比伦国王尼布甲尼撒二世为他的妃子建造的花园，被誉为世界七大奇观之一。

巴比伦空中花园

希腊历史学家斯特拉波和狄奥多罗斯对此园有不同的记载。据后者的描述，该园建有不同高度、越上越小的台层组合成剧场般的建筑物。每个台层以石拱廊支撑，拱廊架在石墙上，拱下布置成精致的房间，台层上面覆土，种植各种树木花草。顶部有提水装置，用以浇灌植物。这种逐渐收分的台层上布满植物，如同覆盖着森林的人造山，远看宛如悬挂在空中。这座花园可算作是最古老的屋顶花园。

第三章　波斯建筑

[一、波斯波利斯古城]

古代波斯阿契美尼德王朝（公元前 550～前 330）的首都。又名伯尔萨。今名塔赫特贾姆希德（意即“贾姆希德的宝座”）。遗址位于伊朗设拉子城东北约 42 千米处。城市主要由庞大的王宫建筑群组成。美国芝加哥大学东方研究所和伊朗王国政府曾在此进行大规模的联合考古发掘。

遗址坐落于坡地上，东临拉赫马特山的峭壁，其余三面为城墙所围。大流士一世于公元前 518 年开始兴建城墙和王宫，阿尔塔薛西斯一世建成。全部建筑于前 330 年为马其顿国王亚历山大所毁。1979 年作为文化遗产被列入《世界遗产名录》。

王宫建造在高 12 米、长 500 米、宽 300 米的石头台基上。以宏伟、庄严和众多的浮雕石像为特征。主要建筑物有大会厅、百柱厅、王宫、宝库、储藏室等，均用整齐的暗灰色巨大石块建成，表面常饰以大理石。门楼、门厅、石柱、石阶均以浮雕或石像装饰。王宫西城墙的北端是庞大的石头阶梯，宽约4.2米，共有106级台阶。它的东边矗立着薛西斯时代所建的“四方之门”，高达18米。大会厅是最大的建筑物。位于城市中部西侧，呈正方形，边长约83米，中央是一座每边长约59米的方形大厅。大厅门开向南，其余三面是门厅。大厅和门厅用72根石柱支撑，石柱高21米，其中13根屹立至今。大会厅砖墙的墙体厚约5.1米。大流士一世的王宫坐落于大会厅的南侧，门道和两壁装饰有对称的巨型人面牛身翼兽浮雕。遗址中部的东侧建有觐见厅，又名百柱厅，它的中央部分是一间每边长约68.9米的正方形大厅，由100根石柱支撑。城市西南角是阿尔塔薛西斯一世和薛西斯一世的两座王宫，东南角为宝库和营房。宝库是由100间屋子、过道和院子组成的一个迷宫式建筑，面积近8400平方米。

阿契美尼德王朝王宫建筑遗址局部

浮雕主要集中在各种建筑物的墙体及石阶两侧的墙上。大多表现国王、侍从、波斯和米底武士的形象及 23 个民族向国王进贡的场面。建筑物的石柱柱顶均以石雕装饰。雕刻的形象有躯体连着的双牛、吼狮、鹰头狮身带有翅膀的怪兽等。整个宫殿建筑吸收了米底、美索不达米亚、希腊、亚述和埃及的因素。城中出土遗物主要有石碑、石制容器、金饰物、货币、印章、埃兰语黏土泥板等，在坐落于薛西斯一世王宫和宝库之间的波斯波利斯遗址博物馆内展出。由于王宫宫殿几乎没有使用痕迹，有学者认为波斯波利斯城的宫殿主要是在盛大节日时使用，国王在这里接受全国和其他地区的朝拜和进贡。

波斯波利斯古城的一处士兵浮雕

[二、波斯帝国]

古代伊朗以波斯人为中心形成的帝国（公元前 550 ～前 330）。统治这个帝国的是阿契美尼德家族，故又称阿契美尼德波斯帝国。

伊朗西南部法尔斯地区的波斯人本来臣服于西北部的米底。公元前 550 年，波斯王居鲁士二世（后称“大王”）灭米底；进而向外扩张，建立波斯帝国。前 546 年，居鲁士二世灭小亚细亚的吕底亚王国，次第征服小亚细亚西部沿海各希腊城邦；前 539 年，灭新巴比伦王国。前 529 年阵殁。

居鲁士死后，其子冈比西斯二世（前529～前522年在位）继位。前525年征服埃及，前522年在返回途中身亡。大流士一世即位（前522～前486年在位）。

大流士一世以严密的制度和立法巩固他所继承的帝国，进而向外扩张。在东面，巩固了居鲁士二世业已征服的领土，更将印度河流域并入帝国版图；在西面，约在公元前513年，渡赫勒斯滂海峡（今达达尼尔海峡），亲征黑海西岸和北岸的斯基泰人，为征服希腊作准备。前490年，大流士一世入侵希腊，发动希波战争，但在马拉松一役战败。以后，其子薛西斯一世（前486～前465年在位）继续执行征服希腊的计划，但仍以失败告终。

此后波斯帝国国势渐趋衰落。薛西斯一世以后诸王，阿尔塔薛西斯一世（前465～前425年在位）、薛西斯二世（前425～前424年在位）、大流士二世（前423～前404年在位）在位期间，宫廷阴谋和各地叛乱不断。末王大流士三世（前337～前330年在位）统治时期，马其顿崛起，前330年，帝国都城波斯波利斯陷落，帝国灭亡。

波斯帝国领土辽阔，民族复杂。当其全盛时期，帝国以相当严密的中央集权的政治机构和强大的军事力量，以及对待被征服民族的比较开明的政策，维持帝国的统一。为了军事和行政的需要而修筑的驿路网和全国111个驿站把帝国各部分紧密连接起来，保证了邮政和情报传递的畅通，同时也为商业发展创造了条件。海上航路的开辟促进了国际贸易。大流士一世实行税制改革及统一度量衡和币制，更促进了帝国的经济发展。

在艺术方面，波斯帝国留下了宝贵遗产。波斯的建筑融合埃及、巴比伦、希腊各民族的艺术成就，构成自己独特的雄伟壮丽的风格。大流士一世的新都波斯波利斯的宫殿建筑在巨石垒成的高台上，有大王听政的殿堂和百柱大厅。

波斯人以琐罗亚斯德教为国教。琐罗亚斯德教创建于前600年，创始人是琐罗亚斯德。琐罗亚斯德教思想来源于米底文化、古代两河流域文化、古代埃及文化以及波斯文化本身，同时也对其他民族宗教产生了深刻影响。琐罗亚斯德教也对希腊宗教、思想和哲学产生影响，赫拉克利特的形而上学理

波斯波利斯王宫觐见厅遗址

论和逻辑论直接源自琐罗亚斯德教思想；亚里士多德所归纳的毕达哥拉斯学派的基础正是二元论，也来自琐罗亚斯德教中善灵和恶灵的共生共存、相辅相成思想。

第四章　古希腊建筑

[一、古希腊建筑]

公元前8～前1世纪，直到希腊被罗马兼并为止时期的建筑。古代希腊是欧洲文化的发源地，古希腊建筑开欧洲建筑发展之先河。按照历史发展的顺序，古希腊建筑的发展大约可分为三个阶段：

古风时期　公元前7～前5世纪，这时期留存下来的建筑遗迹，基本上都是石构。但有充分的证据表明，早期曾广泛使用木材。到公元前8世纪左右，主要建筑已采用石料。限于材料性能，石梁跨度一般为4～5米，最大不超过7～8米。从这时开始，希腊建筑逐步形成相对稳定的形式。爱奥尼亚（又译伊奥尼亚）城邦创造出一种端庄秀雅的爱奥尼式建筑；多里安城邦形成了风格雄健有力的多立克式建筑。到公元前6世纪，这两种建筑逐渐成型，发展出一套系统做法，称为“柱式”。柱式体系的创造是古希腊人在建筑艺术上的一项重要贡献。

古典时期　公元前5～前4世纪，是古希腊繁荣兴盛时期，创造了很多建筑珍品，主要建筑类型有卫城、神庙、露天剧场、柱廊、广场等。柱式构图在这时期达到了完美的境界，不仅在一座建筑群中同时存在两种柱式的建筑物，就是在同一单体建筑中也往往运用两种柱式。雅典卫城建筑群和卫城上的帕提农神庙是古典时期最著名的建筑实例。

古典时期还出现了一种据说是在伯罗奔尼撒半岛的科林斯形成的新柱式——科林斯柱式，其柱头花饰更趋华美富丽。这种形式到古罗马时代进一步得到广泛的流行。

希腊化时期　公元前4世纪后期至前1世纪。马其顿王亚历山大大帝的远征，把希腊文化传播到西亚和北非，史称希腊化时期，为古希腊历史后期。其时在这片广阔的土地上，出现了不少新的城镇，城市建筑群有了进一步的发展；原有的建筑类型已不能满足人们的需求，很多都被改造，同时产生了一批新的构图手法，风格也越来越华丽。在希腊建筑风格向东方扩展的同时，它本身也受到各地原有建筑风格的影响，形成了不同的地方特点。这时期希腊建筑的影响远达中国，大同云冈石窟里就可以看到许多古希腊建筑的形象。

古希腊建筑中所表现出来的人文精神是古代其他地区的建筑所少有的。在这里，建筑并不靠巨大的体量来宣扬权势和威严，使人畏惧；也不靠离奇的造型来宣扬神秘和恐怖，而是以美的纯净形象和高超的艺术效果受人称道。神像雕刻代表了理想的人体形象，柱式造型也参照人的体量尺寸确立。著名的多立克柱式和爱奥尼柱式，据说就是将男女人体的形象特征加以抽象概括而得。

城市中的各类设施同样体现了这种“以人为本”的精神。城市中的广场是公共客厅，广场旁边的柱廊是供人们在下雨时临时躲避的场所。广场和柱廊还可供市民交往甚至讲演。露天剧场之类的大型活动场地，也反映了古希腊社会对于公众需求的关注。

古希腊建筑由于采用简单的梁柱体系，建筑本身体量不大，形式变化亦少，内部空间更是简单封闭，但在群体的总体设计上却处处考虑到给人们的观赏

埃皮扎夫罗斯剧场遗址（建于公元前4世纪的后25年间）

创造条件。建筑群采用灵活的组合，强调人在建筑群中行进的感受。

古希腊建筑中表现出来的理性精神，对于后世，特别是对于欧洲文艺复兴运动产生了重大的影响。这种理性精神不仅表现在建筑总体和主要部件乃至细部的关系上都严格遵循几何和数学的比例，同时也表现在建筑的艺术处理上。所有造型都遵循一定的结构逻辑。

希腊人以雕刻艺术的手法来处理建筑。采用上好的大理石，细部制作精细明确，墙体石块平直齐整，细部艺术效果上达到了甚至某些后世建筑也难以企及的高度。

古希腊建筑长期以来被认为具有范本的性质，后世的建筑师，特别是欧洲建筑师，一直从希腊建筑那里汲取营养。它是人类早期文明的灿烂之花。

古希腊早期的城市如雅典等，是在雅典卫城周围形成的。一些商业发达的城市如科林斯等，则把广场置于城市中心，卫城在城市的一侧。公元前5世纪，古希腊的很多城市，如小亚细亚的米利都城、普南城等，广场置于城市中心，城市街道多呈方格网形，住宅沿街建造，都是按规划建设的。

广场是城市中的活动中心，又是露天市场和会场，附近有神庙、商店、会议厅、学校、露天剧场、运动场、敞廊等。敞廊可供休息、避雨、贸易和集会，同时也把一些单体建筑联系起来。古代希腊的广场，一般不追求轴线对称，其形状甚至是不规则的，但比较实用。

[二、雅典卫城]

公元前 5 世纪的希腊雅典建筑群。在古希腊，卫城具有神圣的地位，不仅是举行祭祀大典的宗教圣地，也是最重要的公共活动中心和国家的象征。雅典是古希腊的政治文化中心，雅典卫城更是卫城中的佼佼者。卫城位于今市中心偏南的一座小山上，高出平地 70 ～ 80 米。山顶台地东西长约 280 米，南北宽 130 米左右，四周陡峭，仅西端有台阶可以登临。四年一次祀奉城市守护神——雅典娜的节庆大典就在这里进行。祭祀队伍从山下的西北方出发，从西南面登上卫城。辉煌的建筑和精美的雕刻依次成为人们观览和注目的中心。

山门为卫城主要入口，由中央主体部分和两个布局均衡而不对称的侧翼组成，正面向西，采用多立克柱式。

胜利神庙为一个不大的爱奥尼柱式神庙，位于山门南翼之前。

帕提农神庙是祀奉雅典娜的卫城主体建筑。位于卫城最高处，这个形体单一的围廊式神庙是希腊多立克柱式建筑最重要的代表作。

伊瑞克提翁神庙位于帕提农神庙北面，为一个体量不大的爱奥尼柱式神殿，供奉传说中的雅典人始祖伊瑞克提斯。平面采取不对称的布局形式，立面由三个大小不一的爱奥尼柱廊、一个女像柱廊和部分实墙构成。

在帕提农神庙和伊瑞克提翁神庙之间，尚有早期雅典娜神庙残存下来的部分基础。在它之前，曾立有作为建筑群构图中心、高 11 米的雅典娜青铜雕像。

雅典卫城历经2000多年的战乱灾变，现存的主要建筑均完成于希腊古典盛期，建筑总设计师为著名雕刻家菲迪亚斯。作为希腊历史上最值得骄傲的时代纪念碑，卫城建筑从总体布局到个体造型，无不反映出这个时代的特色。

根据地形特点采取自由灵活的布局形式，是卫城建筑的突出特点。主要建筑沿周边布置，使献祭队伍在山下行进时能欣赏到它们的优美轮廓。主体建筑帕提农神庙没有和山门在一条轴线上，而是位于一边，因为那里地势最高，同时也是从山门欣赏它的最佳透视角度。位于倾斜地段上的山门，屋顶和地面都采取了错台的形式，但由于把通路做成坡道，人们几乎觉察不到错台的存在。伊瑞克提翁神庙东西两面地势有一定的高差，为保持立面柱廊比例的一致，西面大胆采用了基台，把入口移向北部。

柱式的造型和比例是古典希腊造型艺术的重要组成部分。卫城是根据不同对象和情况使用不同柱式的典范。主体建筑帕提农神庙采用了构造简洁、比例粗壮的多立克柱式，表现出宏伟和力量；在一边作为陪衬的伊瑞克提翁神庙则采用了细部华美、比例轻快的爱奥尼柱式，表现得亲切活泼。包括各种视觉矫正在内的对艺术的尽善至美的追求，是卫城建筑在几千年后仍能激起人们美感的重要原因。

尺度的合理运用是卫城建筑的另一特色。帕提农神庙柱高10米多，使人感到雄伟、开朗，尺度分寸的恰当把握反映了雅典鼎盛时代的爱国热情和民

雅典卫城远眺

主共和制度的理想。卫城建筑的雕刻堪称希腊古典雕刻艺术珍品。帕提农神庙的山墙雕刻、檐壁和陇间壁浮雕，伊瑞克提翁神庙的女像柱，皆为同类作品中最优秀的代表。

[三、帕提农神庙]

希腊雅典卫城中祀奉雅典守护神雅典娜的神庙。又称雅典娜帕提农神庙。位于雅典老城区卫城山的中心，坐落在山上的最高点。

建于公元前 447 ～前 432 年，古希腊雅典最繁盛的时期，主要雕塑师为菲迪亚斯。建筑平面呈长方形，长 228 英尺，宽 101 英尺，周围环以 48 根多立克式廊柱，东西两端入口处各有立柱 6 根。殿内供奉雅典娜立像。像连基座高约 12.8 米，顶盔、持矛、握盾，右手掌上立有一个展翅的胜利女神像。雅典娜像为木胎，面部、手、足用象牙雕成，眼珠为精致的石雕，盔甲、衣饰用金箔。庙顶柱间壁等部位有以希腊神话为主题的精美浮雕。神庙西部即帕提农，意为圣女宫，曾用来存放财宝和档案。帕提农神庙被认为是多立克式建筑艺术的极品。

帕提农神庙

第五章 古罗马建筑

[一、古罗马建筑]

极盛于公元1～3世纪，分布于古罗马帝国整个领域的建筑物。古罗马人沿用亚平宁半岛上伊特鲁里亚人的建筑技术（主要是拱券技术），继承古希腊建筑成就，在建筑形制、技术和艺术方面广泛创新，达到西方古代建筑的最高峰。

古罗马建筑的类型很多。有宗教建筑、皇宫、凯旋门、剧场、角斗场（罗马竞技场）、浴场、广场和巴西利卡（长方形会堂）等公共建筑和住宅。

古罗马世俗建筑的形制相当成熟。例如，罗马帝国各地的大型剧场，观众席平面呈半圆形，逐排升起，以纵过道为主、横过道为辅。观众按票号从不同的入口、楼梯，到达各区座位。人流不交叉，聚散方便。舞台高起，前有乐池，后面是化妆楼，化妆楼的立面便是舞台的背景，两端向前凸出，形成台口的雏形，已与现代大型演出性建筑物的基本形制相似。居住建筑有内

罗马城的提图斯凯旋门（公元 82 年建）
高 14.4 米，宽 13.4 米，厚 4.8 米

罗马万神庙内景

庭式住宅、内庭式与围柱式院相结合的住宅，还有四、五层公寓式住宅。公寓常用标准单元，一些公寓底层设商店，形制同现代公寓大体相似。

古罗马建筑依靠水平很高的拱券结构，获得宽阔的内部空间。巴拉丁山上的弗拉维王朝宫殿主厅的筒形拱，跨度达 29.3 米。罗马万神庙穹顶的直径是 43.3 米。公元 1 世纪中叶，出现了十字拱，它覆盖方形的建筑空间，把拱顶的重量分散到四角的墩子上，无需连续的承重墙，空间因此更为开敞。几个十字拱同筒形拱、穹窿组合起来，能覆盖宽阔的内部空间。罗马帝国的皇家浴场就是这种组合的代表作。剧场和角斗场的庞大观众席，也架在复杂的拱券体系上。

拱券结构得到推广，是因为使用了强度高、施工方便、价格便宜的火山灰混凝土。约在公元前 2 世纪，这种混凝土成为独立的建筑材料，到公元前 1 世纪，几乎完全代替石材，用于建筑拱券，也用于筑墙。

木结构技术已有相当水平，能够区别桁架的拉杆和压杆。罗马城图拉真巴西利卡（98 ～ 112），木桁架的跨度达到 25 米。

公共浴场一般都有集中供暖设施。从火房出来的热烟和热气流，经敷设于各大厅地板下、墙皮内和拱顶里的陶管，散发热量。

古罗马建筑开拓了新的建筑艺术领域，丰富了建筑艺术手法。其中比较重要的是：①新创了拱券覆盖下的内部空间。有庄严的万神庙的单一空间，有层次多、变化大的皇家浴场的序列式组合空间，还有巴西利卡的单向纵深空间。有些建筑物内部空间艺术处理的重要性超过了外部体形。②发展了古希腊柱式的构图，使之更有适应性。最有意义的是创造出柱式同拱券的组合，如券柱式和连续券，既作结构，又作装饰。③出现了由各种弧线组成平面、拱券结构、内部空间流动多变的集中式建筑物。

[二、古罗马城市广场]

古罗马城市一般都有广场，开始是作为市场和公众集会场所，后来也用于发布公告，进行审判，欢度节庆，甚至举行角斗。广场多为长方形。在自发形成的城市中，广场的位置因城而异；在按规划建造的营寨城市中，大多位于城中心交叉路口。

罗马城旧广场于公元前 6 世纪时开始建设，至西罗马帝国灭亡为止。广场上集中了大量宗教性和纪念性建筑物。广场的主要部分约长 134 米，宽 63 米。南北两侧各有一座巴西利卡（长方形会堂），供审判和集会用。广场东端是凯撒庙和奥古斯都凯旋门，西端是检阅台和另一座凯旋门。广场西北角的元老院和门前的集议场形成政治中心；凯撒庙和奥古斯都凯旋门以东的灶神庙和祭司长府是宗教中心。公元 4 世纪建造君士坦丁巴西利卡之后，广场向东扩展，建造了第度凯旋门。西端在检阅台外还有两座公元初期的神庙。中世纪时，有几座古罗马时代建筑物被改成教堂。以后又不断拆取古建筑物的大理石，用于建筑或烧石灰，以致除少数建筑物外，广场建筑群仅存废墟。18 世纪末开始发掘，并加以保护。

帝国广场位于罗马城旧广场的北面，从公元前 1 世纪到公元 2 世纪初陆续建造了凯撒广场、奥古斯都广场、韦帕香广场、乃尔维广场和图拉真广场。它们各自按设计一次建成，平面为长方形，四周柱廊的一端建造神庙。凯撒广场有钱庄和演讲台，奥古斯都广场有演讲堂。这些广场都是为纪念个人功绩而建的。

[三、古罗马皇宫]

罗马帝国的皇宫主要有三处：①古罗马城中心巴拉丁山的宫殿群；②罗马城东面 28 公里的哈德良离宫；③斯普利特（在今南斯拉夫境内）的戴克利先行宫。巴拉丁山从公元前 1 世纪奥古斯都时代起就是历代皇帝居住的地方，经过多次大规模营建，建有宏伟的宫殿建筑群。它的北部有第比留皇宫和卡里古拉皇宫，中央是杜米善皇宫，南端是赛维鲁斯宫殿。尼禄的皇宫从巴拉丁山一直向东绵延到埃斯基里纳山，现只留下少量遗迹，其余部分压在埃斯基里纳山西坡图拉真浴场下面。

杜米善皇宫即弗拉维王朝的宫殿，占地最大，形制最完整。它分为三个平行部分：西北是朝政部分，当中是居住部分，东南是体育场（一说为百花园）。朝政部分的正中是方形花园，一侧是正殿，另一侧是宴会厅；正殿宽 29.3 米，长 35.4 米，上覆大拱顶，居住部分围绕三个围柱式内院布置房间。三部分各有纵轴线，对称布局，但相互之间没有构图联系。

赛维鲁斯宫殿位于南山坡上，用许多拱架起。其中有一幢券柱式三层楼房靠近古阿庇安大道，目的在向进入罗马的人展示宫殿的壮丽。

哈德良离宫建于公元 126 ～ 134 年，建筑群包括宫殿、浴场、图书馆、剧场、神庙和花园等。周圈约 5 公里。位于东边的一个方形院落可能是朝政部分，正殿是一个平面复杂的集中式大厅。西边是一个长 232 米、宽 97 米的院落，中央有一个水池，四周围墙高 9 米，贴墙有两层柱廊。朝政部分和院落之间有居住部分和图书馆等，还有一个优雅的带圆形水池的小院。宫殿南端一座埃及庙，庙前挖有长 185 米、宽 75 米的水池。水池同前述院落之间有两座浴场和一座游憩性建筑。所有的建筑物都有对称轴线，但各个建筑物之间的关系似乎很随意，没有规则。大多数建筑物不求壮观，但很精致、亲切，富于变化。

戴克利先行宫建于 4 世纪初，总平面为长方形，长 213 米，宽 174 米，十字形道路把行宫分为四部分：陵墓、神庙、寝宫和行政机构。南面临海，有通长的柱廊，为皇帝处理朝政的处所，正中的大殿长 30 米，宽 25 米，内有两列柱子。道路和内院沿边都用立在柱头上的连续券装饰，轻快活泼。行宫其余三面有围墙，沿墙筑碉楼，宫门居中。

[四、古罗马浴场]

公共浴场是古罗马建筑中功能、空间组合和建筑技术最复杂的一种类型。罗马共和时期，公共浴场主要包括热水厅、温水厅、冷水厅三部分。较大的浴场还有休息厅、娱乐厅和运动场。浴场地下和墙体内设管道通热空气和烟以取暖。公共浴场很早就采用拱券结构，在拱顶里设取暖管道。

罗马帝国时期，大型的皇家浴场又增设图书馆、讲演厅和商店等，附属房间也更多，还有很大的储水池。平面布局渐趋对称。公元 2 世纪初，叙利亚建筑师阿波罗多拉斯设计的图拉真浴场确定了皇家浴场的基本形制：主体建筑物为长方形，完全对称，纵轴线上是热水厅、温水厅和冷水厅；两侧各有入口、更衣室、按摩室、涂橄榄油和擦肥皂室、蒸汗室等；各厅室按健身、沐浴的一定顺序排列；锅炉间、储藏室和奴隶用房在地下。以后的卡拉卡拉浴场（211 ～ 217）、戴克利先浴场和君士坦丁浴场大体仿此建造。这几个浴场的主体建筑都很宏大。卡拉卡拉浴场长 216 米，宽 122 米，可容 1600 人；戴克利先浴场长 240 米，宽 148 米，可容 3000 人。它们的温水厅面积最大，用3个十字拱覆盖，是古罗马结构技术成就的代表作之一。在各种类型拱券覆盖下的厅堂，形成室内空间的序列。它们的大小、形状、高低、明暗、开合都富有变化，对以后欧洲古典主义建筑和折中主义建筑有很大影响。

浴场的主体建筑物后面是体育场，其余三面是花园，再外面，四周都有建筑物。卡拉卡拉浴场建筑群的总外廓长368米，宽335米。戴克利先浴场总外廓长380米，宽370米。卡拉卡拉浴场主体建筑的拱顶已损坏，墙垣尚在。戴克利先浴场的温水厅于16世纪改为天主教堂，保存至今。它的东侧一些厅堂现为博物馆，西侧有两个圆厅改为教堂，还保存一些半圆龛和墙垣。

[五、罗马万神庙]

古罗马供奉众神的庙宇。位于罗马古城中心。初建于公元前27年，120～125年重建，是古罗马建筑的代表作之一。

罗马万神庙内景

万神庙因供奉罗马司掌天地诸神而有“潘提翁”（万神）之称。其门廊面阔33米，16根石柱前后分3行排列，正面为8柱式结构，柱身为深红色花岗石。万神庙平面为圆形，上覆穹顶，基础、墙和穹顶都用火山灰水泥制成的混凝土浇筑。这个古代世界最大的穹顶建筑的高度与直径均为43.5米，墙面无窗，靠顶部正中一直径8.9米的圆洞采光。殿内墙体内沿设8个拱券，其中7个下面是壁龛，一个是大门。大门两侧壁龛内原置奥古斯都像和他主管建筑的助手阿格里巴像。半球顶和柱廊顶原来覆盖有镀金铜瓦，663年被拜占廷皇帝掠走，735年覆以铅瓦。柱廊的铜制天花于17世纪上半叶也被拆走。万神庙早期建筑的主体一直保存至今。这座建筑体现了古典建筑和谐、稳定和庄严的特征。1980年，罗马历史中心区作为文化遗产被列入《世界遗产名录》，万神庙是其中一部分。

[六、罗马凯旋门]

意大利罗马城内古罗马帝国时期纪念出征胜利或表彰将帅战功的门式建筑物。现存提图斯凯旋门、塞维鲁凯旋门和君士坦丁凯旋门3座，均位于罗马历史中心区古代市场旁和竞技场附近。

提图斯凯旋门是罗马现存最早的凯旋门，系公元81年提图斯皇帝驾崩后元老院为纪念他的功绩而建造。为单拱门石建筑，高14.4米、宽13.4米、厚4.8米。门分为上、中、下3段，其中下段为台基。门洞前后两侧各有两对壁柱，柱头为爱奥尼亚式对称卷涡纹，拱门上方中部有铭文。门道内两壁各有一幅浮雕，一幅是提图斯皇帝站

提图斯凯旋门

在凯旋的马车上，另一幅是列队的俘虏抬着七杈尖灯台。塞维鲁凯旋门建于 203 年，是为纪念塞维鲁皇帝及两个儿子所建。有 3 个拱门，中间的门洞高大，结构和装饰相对复杂。君士坦丁凯旋门年代最晚，是罗马最大的凯旋门，元老院为纪念君士坦丁大帝 312 年在密尔维桥上战胜尼禄暴君而修建。建门石材大多取自当时的其他凯旋门，门高 20.6 米、宽 25 米，保存相当完好。有 3 个门洞，中间门洞高大，雕刻精致，形象轻巧。门前后两面各有两对壁柱，柱身有竖棱，上有科林斯式大叶纹柱头。圆雕和浮雕众多，大都是战争场面，上部有长篇铭文。

君士坦丁凯旋门

1980 年，罗马历史中心区作为文化遗产被列入《世界遗产名录》，罗马凯旋门是其中的一部分。它的建造与罗马帝国的战争历史有直接联系，所代表的独特艺术成就对当时罗马帝国及其以后的建筑艺术、纪念物艺术和景观设计的发展产生过重大影响，19 世纪法国巴黎建造的星形广场凯旋门就是仿照这些凯旋门建造的。

［七、罗马竞技场］

古罗马建筑遗迹。又称科洛西姆竞技场、罗马大角斗场、罗马大斗兽场、弗拉维大斗兽场。位于意大利罗马市帝王市场大街的一端。始建于 1 世纪的弗拉维王朝，3 世纪和 5 世纪重修。在这之前，斗兽场差不多都是在山麓处开挖后圈围而成，而罗马竞技场则是在平地上用石料和混凝土类的材料建成。

竞技场平面为椭圆形，长径 188 米、短径 156 米、外墙高 48.5 米。用浅黄色巨石砌成，分 4 层，下面 3 层砌成拱门样式，外围共有 80 个拱门。4 个大门正对长径短径处，由此通向各层回廊和看台。最上层是贵宾席，皇帝席位居中央，次为元老院和皇帝家属的席位。全场可容纳四五万观众。场内中

罗马竞技场鸟瞰

罗马竞技场中心舞台下的地下室

心是平面为椭圆形的竞技表演场，长约86米、宽约63米。场内铺有木地板，下有80多间地下室，供乐队存放道具和关闭猛兽。表演场除用于竞技外，还用于阅兵、赛马、歌舞表演、角斗和斗兽。在中世纪，竞技场曾遭受雷击和地震损毁。现在，竞技场的高大围墙已残缺不全，表演场也已残破，但看台保存得较好，外围墙有一部分加固修复。

1980年，罗马历史中心区作为文化遗产被列入《世界遗产名录》，罗马竞技场是其中一部分。竞技场的建筑对两千年来全世界体育场馆建筑的发展有重大影响，它首创的格局至今仍在使用。它也是已经消失的罗马帝国文明的特殊见证，与发生在罗马古城的许多重大历史事件有直接联系，已成为古罗马生活和当今罗马城的标志。

[八、庞贝城]

意大利坎帕尼亚区那波利省古城。又译庞培。地处维苏威火山东南麓，西北距那不勒斯市23千米。公元前310年始见于历史记载，原系希腊人的移民地，前80年被罗马征服后，开始罗马化。公元79年8月24日维苏威火山大爆发，与邻近的赫库兰尼姆、斯塔比伊同遭厄运，顷刻间被埋于厚6～7米的火山喷发物之下。那时，有人口2.5万，是手工业和商业发达的海港，又是贵族和富人的避暑地。古城废墟于16世纪末被发现，1748年开始发掘，此后时断时续，到20世纪末，已约有3/4重见天日。

古城建在史前的熔岩台地上，呈椭圆形，东西长约1200米，南北宽约700米，城墙周长3014米，面积约63公顷。有城门8座。纵横4条大街，呈“井”字形，将全城分为9个地块。城西南的长方形中心广场为全城宗教、经济和市政活动中心，向东有神庙、神殿、大会堂、大市场等公共建筑，三角广场是多立斯神庙所在地。城东南的圆形露天竞技场长122米、宽38米，可容5000观众。纵轴指向维苏威火山主峰。北端立朱比特庙，其余为数以百计的民宅以及公共澡堂、剧场、手工作坊、商店等，还有各种工具和雕刻、壁画等文物，均保存完好。住宅的典型形制为前部罗马式明堂，后部希腊式围柱院落，许多宅内有大理石柱廊、镶嵌地面、精制家具等。砖石砌成的引水渡槽和贵族富人庭园中的喷泉、水池，表明当时已有城市供水系统。主要街道两侧有人行道，近十字路口处，街面上设一列步石，使车辆降低速度，便于行人过街。古城遗址再现了古罗马时代的社会生活情景，成为意大利重要的旅游考古胜地。

庞贝城废墟

［九、柱式］

欧洲古代石质梁柱结构的几种规范化的艺术形式，产生于古希腊。柱式包括柱身、柱上檐部和柱下基座的艺术形式。成熟的柱式从整体构图到线脚、凹槽、雕饰等细节处理皆基本定型，各部分比例也大致稳定，特点鲜明，决定着建筑物风格。

爱奥尼柱式和多立克柱式是两种最基本的柱式。它们都是从木结构演变而来，公元前 5 世纪中叶达到成熟程度。爱奥尼柱式的主要特征是柱头的正面和背面各有一对涡卷，有柱础。多立克柱式的柱头是个倒圆锥台，没有柱础。爱奥尼柱式纤秀如女性的柔美，多立克柱式粗壮似男性的刚健。公元前 5 世纪下半叶，出现了科林斯柱式。它的柱头上雕刻着毛茛叶，很华丽，其余部分则如爱奥尼柱式。

罗马人继承了希腊柱式加以改造和发展。他们完善了科林斯柱式，并且创造了一种在科林斯柱头上加上爱奥尼式涡卷的混合柱式，更加华丽。他们还参照伊特鲁里亚人传统发展出塔斯干柱式。罗马人创造了新的柱式和拱券的组合，最重要的是券柱式。

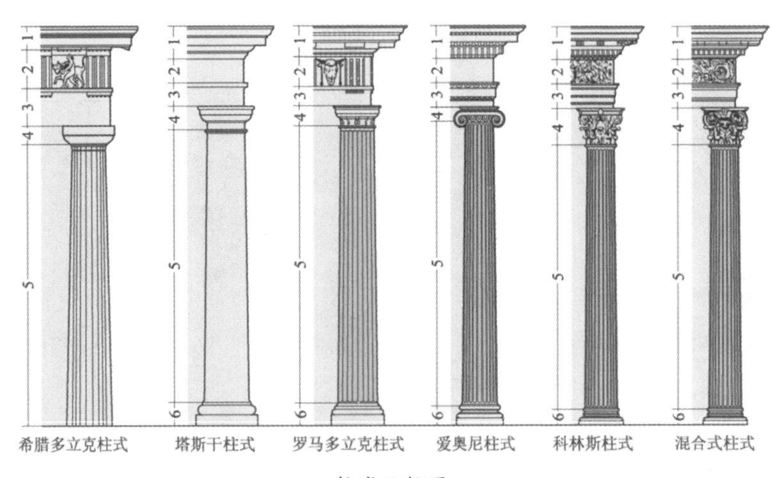

柱式比较图
1 檐口　2 檐壁　3 额枋　4 柱头　5 柱身　6 柱础

第六章　拜占廷建筑

[一、拜占廷建筑]

拜占廷帝国存在于330～1453年，5～6世纪时处于极盛时期，其版图一度包括巴尔干半岛、叙利亚、巴勒斯坦、小亚细亚、北非，以及意大利半岛和西西里。拜占廷建筑在这个时期继承东方建筑传统，改造和发展了古罗马建筑中某些要素而形成独特的风格，对东西方许多国家，特别是东正教国家的建筑有很大影响。罗曼建筑、塞尔维亚建筑、俄罗斯建筑都同它有密切关系。

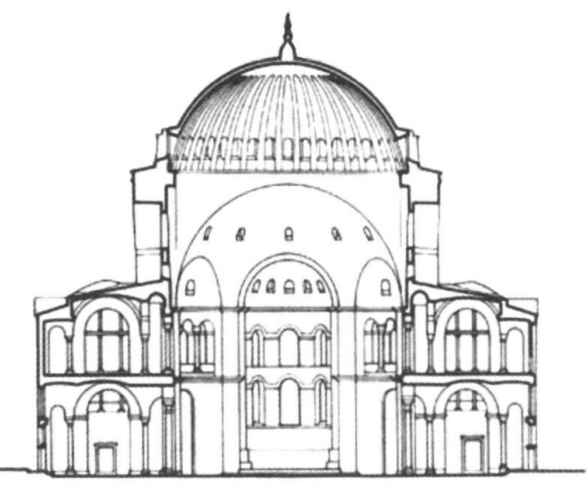

拜占廷建筑

君士坦丁堡的圣索菲亚大教堂，集中体现了拜占廷建筑的特点。其突出之处是在方形平台上覆盖圆形穹顶的结构体系，通过特殊的过渡构件——帆拱把穹顶支承在若干独立的墩子上，辅以筒形拱顶及其他措施达到力学上的平衡。与罗马人建在筒形实墙上的穹顶效果不同，采取这种结构，便能在各种正多边形平面上使用穹顶。使建筑物内外都有完整的集中式构图，成为后来欧洲纪念性建筑的先导。

圣索菲亚大教堂的另一特点是内部装饰富丽堂皇。重点部位镶嵌彩色玻璃，衬以金色，彩色大理石墙面，与外部朴素的砌体表面对比鲜明。教堂内部虚实、明暗的变化略带神秘气氛，闪烁发光的镶嵌表面加强了这种效果。广泛使用斑岩或大理石圆柱作内部的承重构件。柱头从圆形直接过渡到方形，上面附加一层斗形柱头垫石。在柱头之下、柱础之上加铜箍，既是结构需要，又有装饰效果。

[二、圣索菲亚大教堂]

东正教大教堂，又译为圣智大堂。位于今土耳其伊斯坦布尔。原为拜占廷帝国的宫廷教堂，也是君士坦丁堡牧首的座堂。532 年原由君士坦丁一世建造的罗马式大教堂毁于大火后，由东罗马帝国皇帝查士丁尼一世重建，历时 5 年。537 年竣工。教堂建筑由来自小亚细亚的安提缪斯和伊西多拉斯设计。

整个建筑占地5400平方米。中心部分为半圆穹顶，直径32.6米，高54.8米，由 4 根巨大的塔形方柱支撑，穹顶底部一圈有 40 扇窗。教堂内部圆柱和柱廊分隔成 3 条侧廊，柱廊上面的幕墙上有大小不等的诸多窗户。东西两面与较小的半圆穹顶相连，每个半圆又接上更小的半圆穹。南北两面的圆拱形体，

圣索菲亚大教堂鸟瞰

伊斯坦布尔市容

坐落在两层列柱和厚实的墙体上。其风格为罗马式长方形教堂与中心式正方形教堂相结合。是拜占廷拱形建筑的代表。曾遭受8～9世纪圣像破坏运动与13世纪第四次十字军东征的严重破坏，之后虽不断修复，但旧观终究未能恢复。15世纪中土耳其人攻占君士坦丁堡后，用了大约一百年时间将其改为伊斯兰教清真寺。教堂内的基督教装饰改画成了伊斯兰教的图案。教堂四周加修了4座尖塔。1932年后为国家博物馆。20世纪80年代以后重新开放，其中一部分为清真寺。

第七章　初期基督教建筑

[一、初期基督教建筑]

基督教于 1～2 世纪开始流传。罗马帝国于 313 年颁布《米兰敕令》取得合法地位后，教堂建筑逐渐发展起来，罗马一地就有 30 余座。

初期基督教建筑明显受到古罗马建筑的影响，教堂平面有圆形和多边形的。典型的教堂形制，由巴西利卡发展而来。巴西利卡是一种长方形大厅，由纵向柱列分为几部分，中间较宽较高，两旁较窄较低。教会规定：圣坛必须在东端，大门朝西。圣坛为半圆形穹顶所覆盖，圣坛前设祭坛，祭坛前又增建一横翼，比较短；与巴西利卡一起形成长十字形平面，称为拉丁十字，象征基督受难。一般在巴西利卡前还有一个三面有围廊的前庭，中央设洗礼池。独立的钟楼位于教堂一侧，形成完整的群体。这种巴西利卡式教堂是西欧中世纪天主教堂的原型，典型实例是罗马圣保罗教堂。

初期基督教堂多用木屋架，柱子较细长。外墙仅刷灰浆或作砖贴面，不加装饰。内部最普遍的装饰方法是彩色大理石镶嵌。装饰的重点部位是圣坛的半穹顶。基督或圣徒像衬以金色背景，十分醒目。中厅柱列的透视效果把视线引向圣坛，使内部空间在感觉上比实际深远，成为巴西利卡式教堂的突出特点。

罗马圣保罗大教堂内景

[二、罗马圣保罗大教堂]

基督教初期教堂。位于意大利罗马市中心，最初在君士坦丁大帝时建于使徒保罗的墓上。圣保罗是基督教奠基人之一，早年曾到大马士革传教，受到耶稣启示。据教堂圣坛前凯旋拱门上的记载，4世纪建造的教堂是皇家教堂，形状和规模与现在的类似。5世纪时由卡拉·布拉齐迪亚皇后重新装饰。1823年的大火将教堂烧毁，1854年由罗马天主教教皇庇护四世按原状重建。

教堂前院四周是壮观的列柱廊，150 根大立柱保持着早期罗马帝国大殿的风格，院子中心有圣保罗握剑的石雕像。教堂大殿正面墙壁上有分幅的基督画像，色彩鲜明。位于中心部位的主厅最为高大，平面呈长 120 米、宽 60 米的纵长方形，两侧有列柱，列柱外为侧厅。列柱上方是连续的拱券，再向上是壁柱和明窗，天花是木板平棋格形，与后来的拱券顶不同。圣坛在主厅东端，其前有祭坛，上为半圆穹窿顶。圣坛入口建成凯旋拱门式，拱门上方镶嵌的壁画是 5 世纪卡拉·布拉齐迪亚皇后时期的原作。

圣保罗大教堂的建筑是早期罗马式长方形教堂的杰出范例，基督教的一些重大事件与该教堂也有直接关系。这种被称为皇家会堂（巴西利卡）式教堂的长方形平面教堂是西欧中世纪天主教仿古教堂的原型，为已经消失的早期罗马式拉丁十字形教堂提供了独特见证。1980 年，圣保罗大教堂和罗马历史中心区一起作为文化遗产被列入《世界遗产名录》。

第八章　罗曼建筑

[一、罗曼建筑]

10～12世纪欧洲基督教流行地区的一种建筑风格，也是欧洲中世纪第一个具有普遍意义的建筑和造型艺术风格。罗曼建筑原意为罗马式样的建筑，又译罗马风建筑、罗马式建筑、似罗马建筑等。主要流行于法国、意大利、英国和德国等地，在1100年左右达到全盛，主要见于修道院和教堂。

罗曼建筑承袭初期基督教建筑，采用带边廊和半圆室的会堂式平面。随着10世纪和11世纪欧洲修院制度的发展，为了容纳更多的修士和朝拜的信徒，教堂和修道院规模扩大，人们在门窗及拱廊等部位大量采用作为古罗马建筑传统做法的半圆拱券，用筒拱和交叉拱顶取代初期基督教堂中厅的木构屋顶，以厚重的柱墩和墙体抵挡拱顶的横向推力。出于向圣像、圣物膜拜的需要，同时也是为了更好地抵挡穹顶的横向推力，在东端增设了若干辐射状的小礼拜堂和回廊，平面形式渐趋复杂。

比萨主教堂建筑群

沃尔姆斯主教堂

罗曼建筑平面十字交叉处及西端往往设大小不一的壮观塔楼，沉重坚实的墙体表面饰以连拱券廊和檐壁，构成这种风格的典型特征。门窗洞口亦用多层同心圆券，以减少沉重感。有时也用简化的古典柱式和细部装饰。厅堂内大小柱式有韵律地交替布置，朴素的中厅与华丽的圣坛形成强烈对比，中厅与侧廊较大的空间变化打破了古典建筑的均衡感，窄小的窗口更赋予广阔的内部空间一种神秘的气氛。

随着建筑规模不断扩大和中厅向高处发展，在仍保持拉丁十字平面的同时，人们在罗马的拱券技术基础上不断进行试验和发展，采用扶壁以平衡沉重拱顶的横向推力，以后又逐渐用骨架券代替厚重的拱顶，进一步减少高耸的中厅上拱脚的横向推力，并使拱顶适应不同形式和尺寸的平面。到1150年左右，终于演化发展出哥特式建筑。罗曼建筑作为一种过渡形式，不仅第一次成功地把高塔组织到建筑的完整构图中去，同时也开始把沉重的结构与垂直上升的动势结合起来。

罗曼建筑的著名实例有意大利比萨主教堂建筑群（11～14世纪）德国沃尔姆斯主教堂（11～12世纪）等。

［二、比萨斜塔］

意大利罗曼建筑的实例，为比萨主教堂建筑群的组成部分，也是建筑群中最引人注目的作品。斜塔在主教堂圣坛东南20多米处，平面圆形的直径约16米，共8层。

比萨斜塔

塔于 1174 年动工，顶部钟亭约建于 1350 年，设计人热拉尔多。塔楼工程虽到 1271 年仍在进行，但风格上和教堂及洗礼堂完全一致；所用的构图手法基本同教堂，只是将连拱券廊立面用于圆柱形塔身。2 ～ 7 层为空廊，第 8 层钟亭向内缩进。外墙全用白色大理石贴面，底层墙面上隐出连续拱券。厚墙中设螺旋楼梯，可通顶层。

在建造过程中由于地基不均匀沉降，基础不够坚实，塔身向南倾斜，虽采取了一侧加载及使塔身略弯等措施但一直未能阻止倾斜继续，斜塔因此得名。1590 年伽利略曾在塔上进行过自由落体试验。多年来，对塔的高度和倾斜度众说纷纭。一般认为斜塔的高度约 55 米，塔顶偏离垂线约 5 米。为防止塔的进一步倾斜，意大利政府曾在 1972 年向全世界征求保护方案，已按其中的一个付诸实施并取得初步成效。1987 年作为文化遗产被列入联合国《世界遗产名录》。

第九章　哥特式建筑

[一、哥特式建筑]

11 世纪下半叶起源于法国，13 ～ 15 世纪流行于欧洲的建筑风格。主要见于天主教堂，也影响到世俗建筑。哥特式建筑以其高超的技术和艺术成就，在建筑史上占有重要地位。哥特式教堂的结构体系由石头骨架拱券和飞扶壁组成。其基本单元系于正方形或矩形平面四角柱子上起双圆心肋骨尖券，四边和对角线上各一道，上铺屋面石板，形成拱顶。采用这种方式，可以在不同跨度上作出矢高相同的券，拱顶重量较轻，交线分明，减少了券脚的推力，简化了施工。飞扶壁由侧厅外面的柱墩起券，以此平衡中厅拱脚的侧推力。为了增加稳定性，常在柱墩上砌尖塔。由于采用了尖券、尖拱和飞扶壁，哥特式教堂内部空间高旷、单纯、统一。装饰细部如华盖、壁龛等也都用尖券作母题，建筑风格与结构手法形成一个有机的整体。

法国哥特式建筑　11 世纪下半叶，哥特式建筑在法国兴起。当时法国一些教堂已经出现肋架拱顶和飞扶壁的雏形。一般认为第一座真正的哥特式教堂是巴黎郊区的圣德尼教堂（1144）。这座教堂用尖券巧妙地解决了各拱间的肋架拱顶结构问题，有大面积的彩色玻璃窗，为以后许多教堂所效法。

法国哥特式教堂平面虽取拉丁十字形，但横翼突出很少。西面为正门入口，东头环殿内设环廊，成放射状排列若干小礼拜室。教堂内部中厅高耸，开大片彩色玻璃窗。外观上的显著特点是有许多大大小小的尖塔和尖顶，有的西边高大的钟楼上也砌尖顶。平面十字交叉处立一高耸尖塔，扶壁和墙垛上也都有玲珑的尖顶，窗户细高，整个教堂向上的动势很强，雕刻极其丰富。西立面是建筑的重点，两边一对高大钟楼下由横向券廊水平联系，三座大门由层层后退的尖券组成所谓透视门，券面满布雕像。正门上面有一个大圆窗，称为玫瑰窗，雕刻精巧华丽。法国早期哥特式教堂的代表作是巴黎圣母院。博韦主教堂于1247年动工。1548年修了一座尖塔，高达152米，25年后倒塌。这座教堂始终未能建成，只修了东半部，其大厅净高48米，是哥特式教堂中最高的。

亚眠大教堂（1220～1269）是法国哥特式建筑盛期的代表作，长137米，宽46米，横翼凸出甚少，东端环殿成放射形布置了7个小礼拜室。中厅宽15米，拱顶高达43米，中厅的拱间平面为长方形，每间用一个交叉拱顶，与侧厅拱顶对应。柱子不再是圆形，4根细柱附在1根圆柱上，形成束柱。细柱与上边的券肋相连，增强向上的动势。教堂内部遍布彩色玻璃大窗，几乎看不到墙面。教堂外部雕饰精美，富丽堂皇。这座教堂是哥特式建筑成熟的标志。

其他盛期的著名教堂还有兰斯大教堂（1211～1290）和沙特尔大教堂（1194～1260年重建），它们与亚眠大教堂和博韦主教堂一起，被称为法国四大哥特式教堂。斯特拉斯堡主教堂也很有名，其尖塔高142米。

百年战争（1337～1453）发生后，法国在14世纪几乎没有建造教堂。及至哥特式建筑复苏，已到了火焰纹时期（因窗棂形如火焰而得名），建筑装饰趋于“流动”、复杂。束柱往往没有柱头，众多细柱从地面直达拱顶，成为肋架。拱顶上出现了星形或其他复杂形式的装饰肋。当时，很少建造大

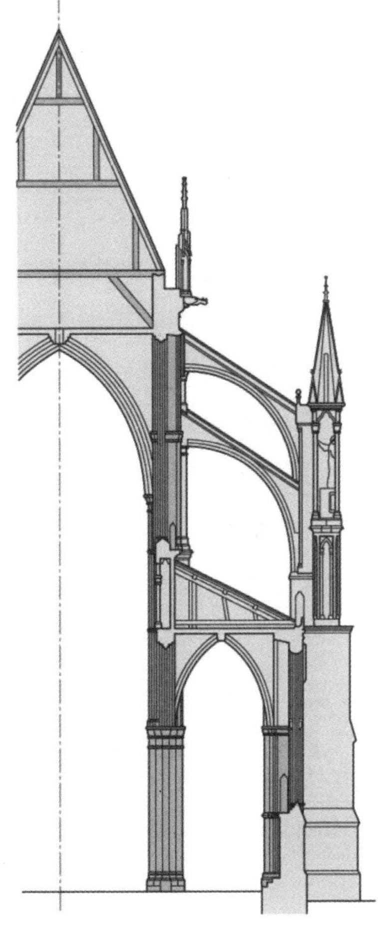

法国兰斯大教堂的飞扶壁示意图

型教堂。这种风格多出现在大教堂的加建或改建部分，以及一些新建教堂中。

法国哥特时期世俗建筑的数量很大，与哥特式教堂的结构和形式很不一样。由于连年战争，城市大都设防。13 世纪的城市卡尔卡松有两层带雉堞和圆形塔楼的坚实城墙，并有护城河、吊桥等防卫措施。城外封建领主的城堡多建于高地上，石墙厚实，碉堡林立，外形森严。由于城墙限制了城市的发展，城内嘈杂拥挤，居住条件很差。多层的市民住所紧贴狭窄的街道两旁，山墙面街。一层通常是作坊或店铺，二层起出挑以扩大空间。结构多为木框架，通过外露形成漂亮图案，极富生趣。富人邸宅、市政厅、同业公会等则多用

法国沙特尔大教堂

砖石建造，采用哥特式教堂的许多装饰手法。

英国哥特式建筑　出现比法国稍晚，流行于 12 ～ 16 世纪。其教堂不像法国教堂那样矗立于拥挤的城市中心、力求高大、控制城市，而是往往位于开阔的乡村环境中，作为庞大修道院建筑群的一部分，比较低矮，与修道院一起沿水平方向伸展。它们不像法国教堂那样重视结构技术，但装饰更自由多样。英国教堂的工期一般都很长，其间不断改建、加建，很难找到整体风格统一的。

坎特伯雷大教堂始建于 11 世纪初，曾遭火灾。1174 ～ 1185 年请法国名匠设计重建的歌坛和圣殿全然是法国式样。索尔兹伯里主教堂（1220 ～ 1265）和法国亚眠大教堂的建造年代接近，中厅较矮较深，两侧各有一侧厅，横翼突出较多，且有一较短的后横翼，可容纳更多的教士，为英国常见的布局手法。教堂的正面也在西侧。东头多以方厅结束，很少用环殿。索尔兹伯里教堂虽有飞扶壁，但并不显著。英国教堂平面交叉处的尖塔往往很高，成为构图中心，西面的钟塔退居次要地位。索尔兹伯里教堂的中心尖塔高约 123 米，为英国教堂之冠。其外观虽有英国特点，但内部仍是法国风格，装饰简单。后来的教堂内部则有较强的英国风格。约克教堂西面窗花复杂，曲线窗棂组成生动的图案。这时期的拱顶肋架图案丰富，埃克塞特教堂的拱顶肋架如树枝张开的大树，非常有力，还采用由许多圆柱组成的束柱。

格洛斯特教堂的东头和坎特伯雷教堂的西部，窗户极大，用许多直棂贯通分割，窗顶多为较平的四圆心券。纤细的肋架伸展盘绕，极为华丽。剑桥国王礼拜堂的拱顶像许多张开的扇子，称作扇拱。韦斯敏斯特修道院中亨利七世礼拜堂（1503 ～ 1512）的拱顶作了许多下垂的漏斗形花饰，穷极工巧。这时的肋架已失去结构作用，成了英国工匠们表现高超技巧的对象。英国大量的乡村小教堂，非常朴素亲切，往往一堂一塔，使用多种精巧的木屋架，很有特色。

英国哥特时期的世俗建筑成就很高。在哥特式建筑流行的早期，封建主的城堡具有很强的防卫功能，城墙极厚，设许多塔楼和碉堡，墙内还有高高

英国埃克塞特教堂

的核堡。15 世纪以后，王权进一步巩固，城堡外墙开了窗户，更多地考虑居住的舒适性。英国居民的半木构式住宅以木柱和木横档作为构架，另加装饰图案，深色的木梁柱与白墙相间，相当活泼。

德国哥特式建筑 科隆大教堂是德国最早的哥特教堂之一，1248 年兴工，由建造过亚眠大教堂的法国人设计，具有法国盛期哥特教堂的风格，歌坛和圣殿颇似亚眠教堂。其中厅内部高达 46 米，仅次于法国博韦主教堂。西面双塔高 152 米，极为壮观。德国教堂很早就形成自己的形制和特点。厅式教堂可以追溯到德国罗曼建筑时期。它和一般的巴西利卡式教堂不同，中厅和侧厅高度相同，既无高侧窗，也无飞扶壁，完全靠侧厅外墙瘦高的窗户采光。拱顶上面另加一层整体的陡坡屋面，内部是一个多柱大厅。马尔堡的圣伊丽莎白教堂（1257 ～ 1283）西边有两座高塔，外观素雅，是这种教堂的代表。

德国还有一种只在教堂正面建一座高大钟塔的哥特式教堂。著名的例子是乌尔姆主教堂（1377 ～ 1492）。它的钟塔高达 161 米，可谓中世纪教堂建筑中的奇观。砖造教堂在北欧很流行，德国北部也有不少这类哥特式教堂。

德国乌尔姆主教堂

15 世纪以后，德国的石作技巧达到了高峰。石雕窗棂刀法纯熟，精致华美。有时两层图案不同的石刻窗花重叠在一起，玲珑剔透。建筑内部的装饰小品也不乏精美的杰作。

德国哥特建筑时期的世俗建筑多用砖石建造。双坡屋顶很陡，内有阁楼，甚至是多层阁楼，屋面和山墙上开着一层层窗户，墙上常挑出轻巧的木窗、阳台或壁龛，外观极富特色。

意大利哥特式建筑 哥特式建筑于 12 世纪由北方各

国传入，影响也主要限于北部地区。意大利没有真正接受哥特式建筑的结构体系和造型原则，只是把它作为一种装饰风格，因此很难找到“纯粹”的哥特式教堂。

意大利教堂并不强调高度和垂直感，正面也没有高大的钟塔，而是采用屏幕式的山墙构图。屋顶平缓，窗户不大，往往尖券和半圆券并用，飞扶壁极为少见，雕刻和装饰具有明显的罗马古典风格。锡耶纳主教堂使用了肋架券，但只是在拱顶上略呈尖形，其他仍为半圆。奥尔维耶托主教堂屋顶仍用木屋架。这两座教堂正面相似，其构图可视作屏幕式山墙的发展，中间高，两边低，有三个山尖。外部虽然用了许多哥特式小尖塔和壁墩作为装饰，但平墙面上的大圆窗和连续券廊，仍然是意大利教学的固有风格。

意大利最著名的哥特式教堂是米兰大教堂（1385 ～ 1485）。它是欧洲中世纪最大教堂之一，14 世纪 80 年代动工，直至 19 世纪初才最后完成。教堂

意大利米兰大教堂

意大利威尼斯总督宫

内部由四排巨柱隔开，宽达 49 米。中厅高约 45 米，横翼与中厅交叉处更拔高至 65 米多，上面是一个八角形采光亭。中厅仅高出侧厅少许，侧高窗很小，内部光线幽暗。建筑外部由光彩夺目的白大理石筑成。高高的花窗、直立的扶壁以及 135 座尖塔，处处表现出向上的动势，塔顶上的雕像也仿佛正待飞升。西边正面为意大利人字山墙，同样装饰着很多哥特式尖券尖塔，唯门窗已带有文艺复兴晚期的风格。

这时期意大利城市的世俗建筑成就很高，特别是在许多富有的城市共和国里，建造了许多有名的市政建筑和府邸。市政厅一般位于城市的中心广场，粗石墙面，严肃厚重；很多还配有瘦高的钟塔，构图丰富，构成广场的标志。城市里一般都建有许多高塔，形成优美的总体廓线。圣马可广场上的威尼斯总督宫（1309 ～ 1424）被公认为中世纪世俗建筑中最美丽的作品之一。其立面采用连续的哥特式尖券和火焰纹式券廊，构图别致，色彩明快。威尼斯还有很多带有哥特式柱廊的府邸，临水而立，非常优雅，如著名的黄金府邸。

［二、巴黎圣母院］

法国天主教大教堂。位于巴黎塞纳河城岛东端。始建于1163年。教堂所在地传说为9世纪中叶法国墨洛温王朝时代的主教座堂遗址。

教堂动工时，教皇亚历山大三世与法王路易七世曾亲自奠基。1320年落成。教堂占地面积为6240平方米。中部堂顶离地35米，两座钟楼高69米。内部共有三层，底层为柱廊与尖拱，中间层为隔层并带有侧廊，上层为玻璃窗，若干细长石柱将三层连为一体。19世纪时曾重建，只有三个巨大的圆形窗保留了13世纪的彩色玻璃。该教堂的哥特式风格和其规模，在考古和建筑方面颇具价值；同时也以其祭坛、回廊、门窗等处的雕刻和绘画艺术，以及堂内所藏的13～17世纪的大量艺术珍品而闻名于世。

巴黎圣母院

第十章 俄罗斯建筑

[一、俄罗斯建筑]

在俄罗斯，具有民族特点的建筑形成于12世纪末。教堂具有战盔式穹顶，其代表作是诺夫哥罗德附近的斯巴斯·涅列基扎教堂（1198～1199）。

15世纪末，在莫斯科克里姆林宫建造了圣母升天教堂和多棱宫。前者同时是王公加冕的礼仪厅，采用希腊十字平面，5个穹顶均设高高的鼓座，结构轻快，空间开朗。多棱宫为举行仪典和宴会的场所，是意大利匠师所建，带有意大利文艺复兴风格和细部处理特征；大厅中央有一根大柱子，继承了俄罗斯木建筑传统。

16世纪，俄罗斯建成中央集权国家。莫斯科红场上的瓦西里升天教堂（1555～1560）是一座大型纪念建筑，中央“帐篷顶”总高46米，周围8座较小墩座，皆用战盔式穹顶，饰以金、绿两色并夹杂黄、红色。教堂以红砖砌筑，细部用白色石料，装饰华丽，色彩鲜明。

17 世纪末至 18 世纪初，在圣彼得大帝倡导下，俄罗斯建筑逐渐西欧化。这一时期在圣彼得堡修建了彼得保罗要塞和冬宫。要塞建在涅瓦河进圣彼得堡的入口处，其中一所平面为拉丁十字的教堂带有明显的西方建筑印记，教堂金色尖顶高达 34 米，与周围水面和房屋、围墙构成强烈对比，给从海上进入圣彼得堡的人们以深刻印象。

18 世纪下半叶，城市建设相当活跃。因受法国影响，建筑形式趋向简化，

瓦西里·升天教堂

追求单纯的几何形体，主要是古典主义的形式。莫斯科克里姆林宫的枢密院是这一时期的代表作。

19 世纪上半叶，俄罗斯成为欧洲强国，圣彼得堡中心广场周围建成了一批大型纪念性建筑。作为构图中心的海军部大厦位于广场北部。大厦正中高达 72 米的塔楼，形成城市 3 条放射形街道的交会点，其中一条即圣彼得堡最重要的大道——涅瓦大街。大厦北面涅瓦河对岸为交易所，东北面为彼得保罗要塞的教堂。海军部大厦东面即冬宫。建在冬宫南面成弧形的总司令部大厦，立面简单朴素，仅在中央设一座凯旋门式的巨大拱门，构成冬宫广场的南入口，从涅瓦大街有一条岔道通往拱门。广场中央矗立着 47 米多高的亚历山大纪功柱，同冬宫和总司令部大厦平展的体形互相映衬，大大丰富了广场建筑群的构图。海军部西侧翼同对面元老院和宗教会议大厦组成元老院广场。广场北面有著名的彼得大帝铜像，南面有伊萨基辅大教堂，体形高大雄浑，通过海军部前广场可以一直望到冬宫广场中央的纪功柱。这时期还在涅瓦大街上建造了亚历山大剧院和喀山大教堂等著名建筑。

［二、克里姆林宫］

专指莫斯科皇宫；泛指俄国一些古老城市的卫城。俄文 Кремль 一词原意为卫城，为俄罗斯古代城市的设防中心。一些古老城市如莫斯科、普斯科夫、图拉、罗斯托夫、诺夫哥罗德、喀山等，都有卫城留存至今。卫城一般建在城中高地上，内设宫殿、教堂等，周边筑有城墙和塔楼。

莫斯科克里姆林宫始建于 12 世纪，至 15 世纪莫斯科大公伊凡三世时初具规模，以后逐渐扩大。16 世纪中叶起成为沙皇的宫堡，17 世纪逐渐失去城堡的性质成为莫斯科的市中心建筑群。克里姆林宫墙东北的红场，是国家政治活动中心。克里姆林宫的钟塔群同红场周围的瓦西里升天教堂(1555～1560)及其他历史建筑，已被视为莫斯科的象征和标志。尚存古建筑中，建于15世纪的圣母升天教堂是举行沙皇登基仪式的地方；因外表用钻石形石块贴面而得名的多棱宫（建于15世纪），是举行国家大典和宴会的大厅。18世纪下半叶建造的枢密院大厦（曾称苏联部长会议大厦）的构图中心为一大穹顶，平面三角形，穹顶正好处于红场的中轴线上，丰富了红场建筑群的景观。在克里姆林宫墙内，枢密院大厦本身与周围建筑亦配合协调。19世纪上半叶建造了大克里姆林宫、兵器陈列馆和高达60米的伊凡钟塔。这些不同特色的建筑合在一起形成了完整的克里姆林建筑群。

克里姆林宫夜景

［三、冬宫］

俄罗斯罗曼罗夫王朝皇宫。位于圣彼得堡涅瓦河畔。由意大利建筑师B.拉斯特雷利设计，1754～1762年建成。1837年大火烧毁了许多屋内的装饰，一年多后又修复。1922年起成为艾尔米塔什国家博物馆的主体。

冬宫是一幢三层楼的巴罗克式建筑。平面呈长方形，长约280米、宽约140米、高22米，总建筑面积4.6万平方米，占地9万平方米。皇宫一面朝向涅瓦河，另一面朝向冬宫广场，四角建有凸出部，有华丽的内院。建筑物外立面分为上下两部分，壁柱上部两层采用混合式柱式，每层都有圆拱顶窗，

立面顶端有 200 多座雕像和花瓶等装饰。宫殿有上千间房间，内部以金、铜、水晶、大理石、孔雀石、玛瑙和各种艺术珍品装饰，色彩缤纷，豪华而又典雅。宫内大厅各具特色，其中乔治大厅、亚历山大大厅、孔雀石大厅、小餐厅尤为著名。在乔治大厅的墙上有一幅镶有 45000 颗各色宝石的俄国地图。艾尔米塔什博物馆藏品极为丰富，约有 270 万件，其中包括 P.K. 科兹洛夫从中国内蒙古黑城遗址发掘出的珍贵文物。

冬宫是 18 世纪中叶俄国巴罗克式宫廷建筑的杰出典范，是俄罗斯同类型建筑群和景观的杰出范例，对俄罗斯的建筑艺术、城镇建设和景观设计的发展产生过重大影响。从彼得大帝时期起的许多重大历史事件都与冬宫有直接联系，它是 18 世纪以来俄国历史的缩影。1990 年，圣彼得堡涅瓦河两岸建筑作为文化遗产被列入《世界遗产名录》，冬宫是其中重要的组成部分。

冬宫外观

第十一章 文艺复兴建筑

[一、文艺复兴建筑]

欧洲建筑史上继哥特式建筑之后出现的一种建筑风格。15世纪产生于意大利，后传播到欧洲其他地区，形成带有各自特点的各国文艺复兴建筑。意大利文艺复兴建筑在文艺复兴建筑中占有最重要的位置。

文艺复兴建筑最明显的特征是扬弃中世纪时期的哥特式建筑风格，而在宗教和世俗建筑上重新采用古希腊罗马时期的柱式构图要素。文艺复兴时期的建筑师和艺术家们认为，哥特式建筑是基督教神权统治的象征，而古代希腊和罗马的建筑是非基督教的。他们认为这种古典建筑，特别是古典柱式构图体现着和谐与理性，并且同人体美有相通之处。这些正符合文艺复兴运动的人文主义观念。

但是意大利文艺复兴时代的建筑师绝不是泥古不化的人。虽然有人如A. 帕拉第奥和G.B.da维尼奥拉在著作中为古典柱式制定出严格的规范，然而当时的建筑师，包括帕拉第奥和维尼奥拉本人在内并不受规范的束缚。他们一方面采用古典柱式，一方面又灵活变通，大胆创新，甚至将各个地区的建筑风格同古典柱式融合一起。他们还将文艺复兴时期的许多科学技术上的成果，如力学上的成就、绘画中的透视规律、新的施工机具等，运用到建筑创作实践中去。在文艺复兴时期，建筑类型、建筑形制、建筑形式都比以前增多了。建筑师在创作中既体现统一的时代风格，又十分重视表现自己的艺术个性，各自创立学派和个人的独特风格。总之，文艺复兴建筑，特别是意大利文艺复兴建筑，呈现空前繁荣的景象，是世界建筑史上一个大发展和大提高的时期。

一般认为，15 世纪佛罗伦萨大教堂的建成，标志着文艺复兴建筑的开端。而关于文艺复兴建筑何时结束的问题，建筑史界尚存在着不同的看法。有一些学者认为一直到 18 世纪末，将近 400 年都属于文艺复兴建筑时期。另一种看法是意大利文艺复兴建筑到 17 世纪初才结束，此后转为巴罗克建筑风格。意大利以外地区的文艺复兴建筑的形成和延续呈现着复杂、曲折和参差不齐的状况。建筑史学界对意大利以外欧洲各国文艺复兴建筑的性质和延续时间并无一致的见解。尽管如此，建筑史学界仍然公认以意大利为中心的文艺复兴建筑对以后几百年欧洲及其他许多地区的建筑风格产生了广泛的持久的影响。

［二、文艺复兴］

14～16 世纪反映西欧各国正在形成中的资产阶级要求的思想、文化运动。其主要中心，最初在意大利，16 世纪扩及德意志、尼德兰、英国、法国和西班牙等地。“文艺复兴”的概念在 14～16 世纪时已被意大利的人文主义作家和学者所使用。该词源自意大利语 Rinascita, 意为“再生”或“复兴”。14 世纪，新兴资产阶级视中世纪文化为“黑暗倒退”，希腊、罗马古典文化则是光明发达的典范，力图复兴古典文化，遂产生“文艺复兴”一词，作为新文化的美称。这种提法在诗人F.彼特拉克和小说家G.薄伽丘的作品中已经出现。1550年，G.瓦萨里在其《艺苑名人传》中，正式使用它作为新文化的名称。此词经法语转写为Renaissance，被世界各国沿用至今。当时一些人认为，文艺在希腊、罗马古典时代曾高度繁荣，但在中世纪却“衰败湮没”，直到14世纪以后才获得“复兴”。但它并非单纯的古典复兴，实际上是反封建的新文化的创造。文艺复兴主要表现在科学、文学和艺术的普遍高涨，但因各国的社会经济和历史条件不同，在各国带有各自的特征。

意大利文艺复兴　13世纪末14世纪初，意大利在欧洲最早产生资本主义萌芽；但由于政治、经济发展不平衡，先进地区只限于少数几个城市，尤以佛罗伦萨、威尼斯为最。地处意大利中部的佛罗伦萨出现了以毛织、银行、布匹加工业等为主的七大行会，它们不仅控制佛罗伦萨的经济，也直接掌握城市政权。在这种政治、经济背景下的佛罗伦萨，成为意大利乃至整个欧洲的文艺复兴发源地和最大中心。

意大利文艺复兴最早的两位代表人物是佛罗伦萨诗人但丁和画家乔托。但丁的不朽名作《神曲》以恢弘的篇章描写诗人在地狱、净界和天堂的幻游，虽然仍以基督教的宗教观念为依归，文艺复兴的新思想却是其精华与主流。但丁借神游三界的故事描写现实生活和各色人物，抨击教会的贪婪腐化和封建统治的黑暗

手持《神曲》的但丁

残暴；同时以佛罗伦萨市民的思想感情要求人们关心现实生活，积极参与政治。他强调人的“自由意志”，反对封建教会宣扬的宗教宿命论，歌颂有远大抱负和坚毅刚强的英雄豪杰，从而表现了新的人文主义思想的曙光。乔托在艺术上的开创之功和但丁相当。他的壁画虽然以宗教题材为主，却力求表现真实生动的人物形象和丰富多彩的现实世界，一反中世纪宗教艺术的抽象与空洞，从而传述了新的时代精神。他的作品不仅内容有新意，技法上也有极大革新，所绘人物形象有很强的立体感，呈现出真实的空间效果，为文艺复兴的现实主义艺术树立了楷模。因而他被后人尊为第一个奠定了近代绘画传统的天才。以但丁、乔托为表率，佛罗伦萨的文艺复兴蓬勃开展起来。14 世纪后半期又出现了两名新文化的代表人物：F. 彼特拉克和 G. 薄伽丘。彼特拉克诗文并茂，热心提倡古典学术的研究，被称为“人文主义之父”。薄伽丘的名作《十日谈》以诙谐生动的语言讽刺教会贵族，赞扬市民群众，是欧洲文学史上第一部现实主义巨著。

15 世纪，人文主义在意大利蓬勃发展。许多学者、诗人搜求古籍成风。随着对古典文化的学习，人文主义思想也日益发展，深入人心。当时的先进人士蔑视宗教禁欲主义和封建门第观念，力求成为学识渊博、多才多艺的人。封建教会对文化的垄断钳制被打破了，文化领域百花竞放，为新兴的资本主义经济、政治开拓了道路。这一时期文艺复兴的代表人物有人文主义者 L. 布鲁尼和 L. 瓦拉，建筑家 F. 布鲁内莱斯基和 L.B. 阿尔贝蒂，雕刻家多那泰洛，画家托马索 · 迪 · 乔万尼 · 迪 · 西莫内 · 圭迪（即马萨乔）和 S. 波提切利。

16 世纪是意大利文艺复兴特别繁荣的时期，产生了三位伟大的艺术家：达·芬奇、米开朗琪罗和拉斐尔。达·芬奇既是艺术家，又是科学家，为当时“全面发展的人”的完美典型。他的艺术水平在体现人文主义思想和掌握现实主义手法上都达到新的高度，从而塑造了一系列无与伦比的艺术典型。肖像画《蒙娜丽莎》被誉为世界美术杰作之冠，表现了艺术家对女性美和人的丰富精神生活的赞赏；壁画《最后的晚餐》则反映了艺术家创造典型人物和戏剧性场面的能力，深刻描绘了人物的性格，布局严谨又富于变化，为后人学习的典范。达·芬奇精深的艺术创作又与广博的科学研究密切结合，凡各种写实表现无不穷究其科学技术的基础。他对许多学科都有重大发现，在解剖学、生理学、地质学、植物学、应用技术和机械设计方面建树尤多，被誉为许多现代发明的先驱。米开朗琪罗是艺术上造诣极高的大师，在建筑、雕刻、绘画、诗歌等方面都留有很多不朽杰作。他创作的罗马梵蒂冈西斯廷礼拜堂的巨幅屋顶壁画，虽属宗教题材，却充满热情奔放、力量无穷的英雄形象，被称为世界上最宏伟的艺术作品。他的许多雕塑，例如《大卫像》《摩西像》《垂死的奴隶》等，在技艺上较希腊古典名作有过之无不及。拉斐尔则是卓越的画家，被后世尊为“画圣”。他善于吸收各家之长，加以自己的创造，在艺术的秀美、典雅方面大放异彩，留下了许多第一流的杰作。如《花园中的圣母》

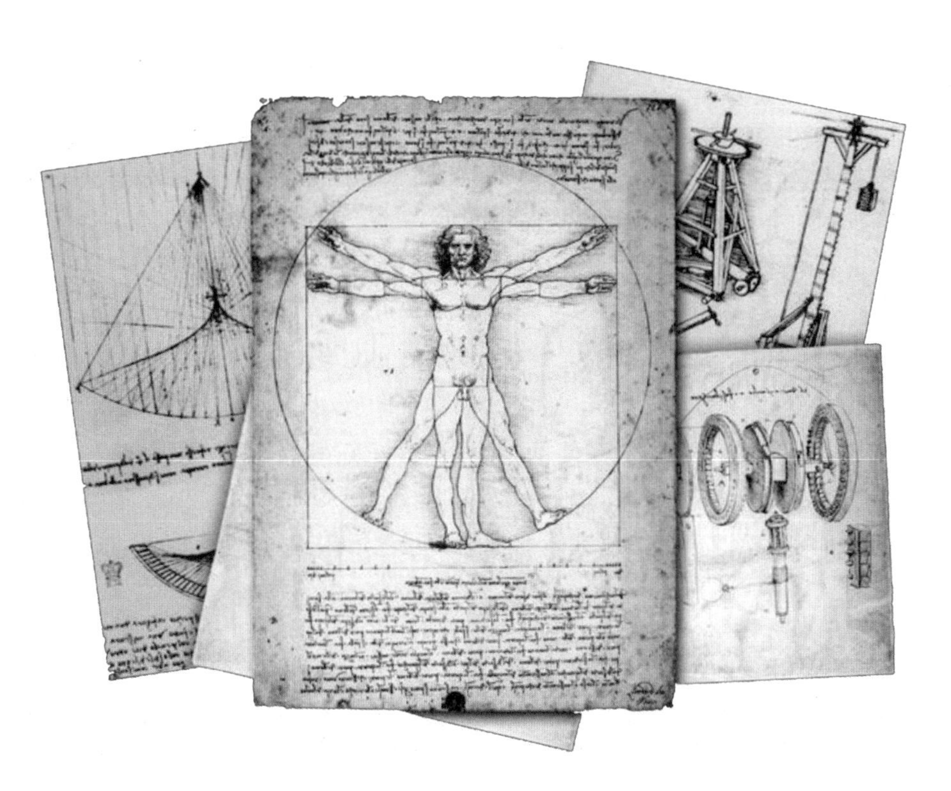

达·芬奇发明设计手稿

《西斯廷圣母》，以及梵蒂冈教皇宫中的许多壁画，尤其是《雅典学派》《教义的争论》等，都达到构图和形象完美的极致。除这三位艺术大师之外，这一时期文艺复兴的代表人物还有建筑师 D. 布拉曼特、政治学家和史学家 N. 马基雅维利、诗人 L. 阿里奥斯托。布拉曼特通过在罗马的设计和作品，创立了文艺复兴时期的建筑风格。马基雅维利的代表作有《佛罗伦萨史》《君主论》等；阿里奥斯托的代表作则有长诗《疯狂的奥尔兰多》。他们的作品都对现实问题作了深入分析或反映。

德意志、尼德兰的文艺复兴　德意志的人文主义代表人物是鹿特丹的 D. 伊拉斯谟。他精通希腊、拉丁古籍，在德意志、尼德兰各地都有很大影响。以他为首的德意志和尼德兰的人文主义运动实为宗教改革提供了思想武器。德意志文艺复兴在艺术方面的突出代表有著名艺术家 A. 丢勒。同达·芬奇一样，丢勒具有多方面的才能。他支持宗教改革，同情农民战争，艺术上版画

莎士比亚的名剧《罗密欧与朱丽叶》在意大利演出剧本的扉页和插图

成就极高，被视为西方最伟大的版画家之一。尼德兰画派从15世纪起即注重写实，名家辈出，至16世纪产生了绰号“庄稼汉”的大画家P. 勃鲁盖尔（老）。勃鲁盖尔和尼德兰人文主义者有密切联系，积极参与尼德兰人民反抗西班牙统治的斗争，并以描绘乡村景色和农民生活为其艺术创作的特色，在文艺复兴美术中独树一帜。

英国、法国、西班牙等国的文艺复兴 英国文艺复兴的代表人物是人文主义者和空想社会主义者的先驱T. 莫尔。他的名著《乌托邦》对私有制进行了无情的批判，对后世影响很大。进步哲学家F. 培根提倡“知识就是力量”，代表作有《新工具论》《科学的伟大复兴》等，强调以科学方法研究自然和征服自然，对知识的进步充满信心。伟大的戏剧家W. 莎士比亚则是文艺复兴文学的巨人之一，其代表作如《哈姆雷特》《罗密欧与朱丽叶》《奥赛罗》《威尼斯商人》等都是世界剧坛中普遍推崇的名剧，均以情节生动、内容丰富、形象突出、语言精练著称。法国的著名学者M.de 蒙田强调自由思考，反对禁欲主义教条；他的散文言情说理，舒展自然，在传播人文主义思想方面发挥了巨大作用。法国文学家F. 拉伯雷，以长篇小说《巨人传》在欧洲获得崇高声誉。他批斥封建思想，强调人性发展和教育的作用，反映了资产阶级的要求。西班牙的文学巨匠M.de 塞万提斯的小说《堂吉诃德》，是与莎士比亚的戏剧并列的世界文化宝库中的瑰宝。在艺术方面，法国、西班牙也达到了高度的繁荣，文艺复兴美术成为本国艺术发展史上的重要篇章之一。代表人物有：法国的J. 古戎，善作优美浮雕；西班牙的D. 委拉斯开兹则精于油画。佛兰德斯画家P.P. 鲁本斯的人像、风景画均有卓越成就。荷兰现实主义画家伦勃朗

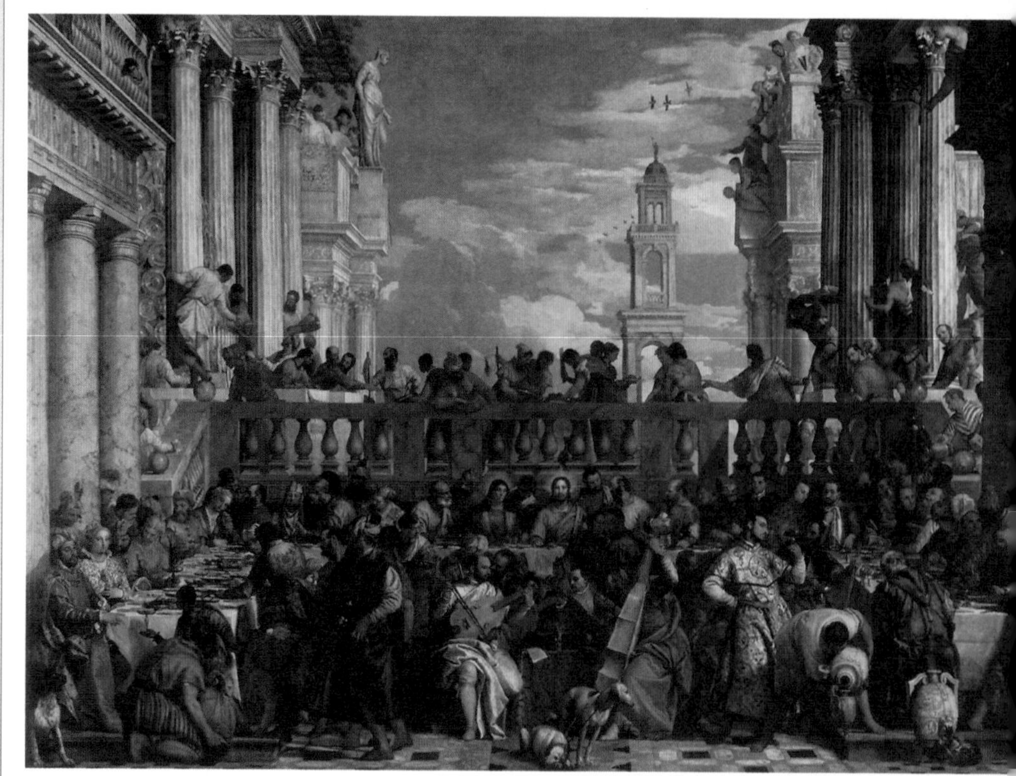

造诣极深，代表作如《夜巡》《浪子回头》等皆以逼真生动著称。

意义及影响 文艺复兴是欧洲从中世纪封建社会向近代资本主义社会转变时期的反封建、反教会神权的一场伟大的思想解放运动，代表欧洲近代资本主义文明的最初发展阶段，是“人类从来没有经历过的最伟大的、进步的变革”（F. 恩格斯《自然辩证法·导言》），其成果影响深远。现代的自然研究和自然科学的形成，是文艺复兴文化最有积极意义的成果之一。他们的研究成果和斗争精神都在世界科学史上树立了范例。

[三、意大利文艺复兴建筑]

始于佛罗伦萨的文艺复兴建筑，影响遍及整个欧洲，但以意大利文艺复兴建筑最具有典型性。文艺复兴时期，意大利的世俗性建筑得到很大的发展，城市广场和园林方面也取得成就；新的设计手法纷纷出现；多种建筑理论著作相继问世。意大利文艺复兴建筑对后世的建筑发展有很大影响。

发展过程 大致可分为以佛罗伦萨的建筑为代表的文艺复兴早期（15 世纪），以罗马的建筑为代表的文艺复兴盛期（15 世纪末至 16 世纪上半叶）和文艺复兴晚期（16 世纪中叶和末叶）。

意大利文艺复兴早期建筑的著名实例有：佛罗伦萨大教堂中央穹窿顶（1420～1434），设计人是 F. 布鲁内莱斯基，大穹窿顶首次采用古典建筑形式，打破中世纪天主教教堂的构图手法；佛罗伦萨的育婴院（1421～1424）也是 F. 布鲁内莱斯基设计的；佛罗伦萨的美第奇府邸（1444～1460），设计人是米开罗佐；佛罗伦萨的鲁奇兰府邸（1446～1451），设计人是 L.B. 阿尔贝蒂。

意大利文艺复兴盛期建筑的著名实例有：罗马的坦比哀多神堂（1502～1510），设计人 D. 布拉曼特；罗马圣彼得大教堂（1506～1626）；罗马的法尔尼斯府邸（1515～1546），设计人小桑迦洛等。

意大利文艺复兴晚期建筑的典型实例有维琴察的巴西利卡（1549）和圆厅别墅（1552），两座建筑设计人都是 A. 帕拉第奥。

建筑理论 这时期出现了不少建筑理论著作，大抵是以维特鲁威的《建筑十书》为基础发展而成的。这些著作渊源于古典建筑理论。特点之一是强调人体美，把柱式构图同人体进行比拟，反映了当时的人文主义思想。特点之二是用数学和几何学关系如黄金分割（1.618：1）、正方形等来确定美的比例和协调的关系，这是受中世纪关于数字有神秘象征说法的影响。意大利 15 世纪著名建筑理论家和建筑师阿尔贝蒂所写的《论建筑》（又称《建筑十篇》），最能体现上述特点。文艺复兴晚期的建筑理论使古典形式变为僵化的工具，定了许多清规戒律和严格的柱式规范，成为17世纪法国古典主义建筑的张本。晚期著名的建筑理论著作有帕拉第奥的《建筑四论》（1570）和G.B.da维尼奥拉的《五种柱式规范》（1562）。

成就 意大利文艺复兴时期世俗建筑类型增加，在设计方面有许多创新。世俗建筑一般围绕院子布置，有整齐庄严的临街立面。外部造型在古典建筑的基础上，发展出灵活多样的处理方法，如立面分层，粗石与细石墙面的处理，叠柱的应用，券柱式、双柱、拱廊、粉刷、隅石、装饰、山花的变化等，使文艺复兴建筑呈现出崭新的面貌。世俗建筑的成就集中表现在府邸建筑上。

教堂建筑利用了世俗建筑的成就，并发展了古典传统，造型更加富丽堂皇。不过，往往由于设计上局限于宗教要求，或是追求过分的夸张，而失去应有的真实性和尺度感。

在建筑技术方面，梁柱系统与拱券结构混合应用；大型建筑外墙用石材，内部用砖，或者下层用石、上层用砖砌筑；在方形平面上加鼓形座和圆顶；穹窿顶采用内外壳和肋骨。这些，都反映出结构和施工技术达到了新的水平。

城市的改建往往追求庄严对称。典型的例子如佛罗伦萨、威尼斯、罗马等。文艺复兴晚期出现一些理想城市的方案，最有代表性的是V.斯卡莫齐的理想城。广场在文艺复兴时期得到很大的发展。按性质可分为集市活动广场、纪念性广场、装饰性广场、交通性广场。按形式分，有长方形广场、圆形或椭圆形广场，以及不规则形广场、复合式广场等。广场一般都有一个主题，四周有附属建筑陪衬。早期广场周围布置比较自由，空间多封闭，雕像常在广场一侧；后期广场较严整，周围常用柱廊，空间较开敞，雕像往往放在广场中央。

从14世纪起，修建园林成了一时的风尚。15世纪时，贵族富商的园林别墅差不多遍布佛罗伦萨和意大利北部各城市。16世纪时，园林艺术发展到了高峰。

对欧洲其他国家的影响 意大利文艺复兴建筑的影响深远，在16～18世纪风行欧洲，大多与其本国的建筑风格结合起来。

16 世纪，在意大利文艺复兴建筑的影响下形成法国文艺复兴建筑。从那时起，法国的建筑风格由哥特式向文艺复兴式过渡，往往把文艺复兴建筑的细部装饰应用在哥特式建筑上。当时主要是建造宫殿、府邸和市民房屋等世俗建筑。代表作品有：尚堡府邸（1519～1547）、枫丹白露离宫（1528～1540）。尚堡府邸原为法国国王法兰西斯一世的猎庄和离宫，建筑平面布局和造型保持中世纪的传统手法，有角楼、护壕和吊桥；外形的水平划分和细部线脚处理则是文艺复兴式的，屋顶高低参差。17 世纪和 18 世纪上半叶在法国建筑中占统治地位的则是古典主义建筑风格。

16 世纪中叶，文艺复兴建筑在英国逐渐确立，建筑物出现过渡性风格，既继承哥特式建筑的传统，又采用意大利文艺复兴建筑的细部。中世纪的英国热衷于建造壮丽的教堂，16 世纪下半叶开始注意世俗建筑。富商、权贵、绅士们的大型豪华府邸多建在乡村，有塔楼、山墙、檐部、女儿墙、栏杆和烟囱，墙壁上常常开许多凸窗，窗额是方形。文艺复兴建筑风格的细部也应用到室内装饰和家具陈设上。府邸周围一般布置形状规则的大花园，其中有前庭、平台、水池、喷泉、花坛和灌木绿篱，与府邸组成完整和谐的环境。典型例子有哈德威克府邸（1590～1597）、阿许贝大厦（1572）等。

17 世纪初，英国为了显示王权的威严，王室在伦敦设计建造庞大的白厅宫，但只建成了大宴会厅（1619～1622）。英国建筑师 I. 琼斯在设计这座建筑物时，采用意大利文艺复兴时期建筑师帕拉第奥严格的古典建筑手法，摆脱了英国中世纪建筑的影响。这时期的建筑仍然以居住建筑占主要地位，古典柱式和规则的建筑立面渐渐代替了伊丽莎白时期自由的过渡性风格。

1640 年开始的英国资产阶级革命削弱了王室的专制统治，但在君主立宪的斯图亚特王朝时，古典建筑手法在英国仍占主导地位，以伦敦圣保罗大教堂为代表作。

18 世纪初，为英国新贵族和一部分富商建造府邸成了建筑活动的中心。这些新府邸规模宏大，应用严格的古典手法，追求森严傲岸的风格。比较有代表性的实例是牛津郡的勃仑罕姆府邸（1704～1720）、约克郡的霍华德府邸（1699 ～ 1712）和凯德尔斯顿府邸（1757 ～ 1770）。府邸的平面布局多半是正中为主楼，楼内有大厅、沙龙、卧室、餐厅、起居室等。主楼前是一个宽敞的三合院。它的两侧又各有一个很大的院子，一个是马厩，另一个有厨房和其他服务用房。这种布局方式意在表现新贵族和巨商们的气派和财富。

在意大利文艺复兴建筑的影响下，德国在 16 世纪下半叶出现文艺复兴建筑。开始，主要是在哥特式建筑上安置一些文艺复兴建筑风格的构件，或者增添一些这种风格的建筑装饰。典型实例如规模巨大的海德堡宫（1531 ～ 1612）和海尔布隆市政厅（1535 ～ 1596）。1560 年，巴伐利亚公爵阿尔伯蒂五世在慕尼黑重建府邸，有意采用古典风格，其中的文物陈列厅是德国文艺复兴建筑中的精美作品。

从 17 世纪开始，意大利建筑师陆续从意大利北部把文艺复兴建筑艺术带到德国。而德国建筑师也开始真正接受文艺复兴建筑，并创造了具有本民族特点的手法。不来梅市政厅 1612 年改造后的立面可称代表作。

从 15 世纪末叶开始，意大利文艺复兴建筑影响了西班牙建筑。那时起，西班牙建筑的显著特点是把文艺复兴建筑的细部用在哥特式建筑上，同时还带有中世纪统治西班牙的摩尔人的艺术印记。建筑造型变化很多，装饰丰富细腻，几乎可同银饰媲美，因而称为“银匠式”风格。比较有代表性的实例是萨拉曼卡的贝壳府邸（1512 ～ 1514）和阿尔卡拉·埃纳雷斯大学（1537 ～ 1553）等。

从 16 世纪中叶起，西班牙的一些建筑师和雕刻家曾到意大利考察，深受古典艺术影响。从 17 世纪中叶起，巴罗克建筑在西班牙兴起。

[四、圣彼得大教堂]

世界上最大的天主教堂，1506 ～ 1626 年建于罗马。今属梵蒂冈城国。它凝聚了几代著名匠师的智慧，是意大利文艺复兴建筑的纪念碑。罗马教廷在此举行大型宗教活动。

16 世纪初，教皇尤利乌斯二世为了重振业已分裂的教会，实现教皇国的统一，决定重建已破旧不堪的圣彼得大教堂。1505 年，建筑师 D. 布拉曼特设计的方案中选，建筑遂于 1506 年动工。布拉曼特设计的教堂平面是一个包含有希腊十字的正方形，于希腊十字的正中覆盖大穹顶，正方形四角上各有一个小穹顶。大圆顶的鼓座上围筑一圈柱廊。1514 年布拉曼特去世，由拉斐尔、B. 佩鲁齐、小桑迦洛、米开朗琪罗等人继续设计建造。1564 年工程进行到穹顶鼓座时，米开朗琪罗去世，由 G.della 波尔塔和 D. 丰塔纳继续完成大穹顶工程。为使直径 42 米的穹顶更加牢靠，他们和后继者在底部加上了 8 道铁链。大穹顶 1590 年竣工，其顶点离地面 137.7 米，成为罗马城最高的建筑物。1564 年 G.B.da 维尼奥拉继续设计了大穹顶四角上的小穹顶。不久，教皇保罗

圣彼得大教堂穹顶

圣彼得大教堂外景

五世决定把希腊十字平面改为拉丁十字平面，命建筑师C.马代尔诺在前面加了一段巴西利卡式的大厅，导致在近处看不到完整的穹顶。最后完成的拉丁十字平面内部长183米，两翼宽137米。内部墙面用各色大理石、壁画、雕刻等装饰，穹顶上有天花，外墙面饰以灰华石和柱式。

1655～1667年，由G.L.贝尼尼建造了杰出的教堂入口广场。广场由梯形和椭圆形平面组成，椭圆形长轴198米，周围由284根塔斯干柱子组成的柱廊环绕，地面略有坡度。

[五、佛罗伦萨大教堂]

位于意大利佛罗伦萨市中心。1296年由处于全盛时期的市政当局决定建造，设计人阿诺尔福·迪坎比奥。1302年阿诺尔福死后，教堂停工。1334年乔托（邦多内的）等人修改部分设计，继续建造，但因技术困难，没有建屋顶。直到1420年才由F.布鲁内莱斯基动工建造大穹顶。1434年穹顶完成，1462年其上又建了一个八角采光亭。西部大理石饰面始建于13世纪，中间一度停工，直到19世纪才最后完成。

教堂采用拉丁十字形平面，本堂长82.3米，由四个方形跨间组成，比例宽阔、形制特殊。本堂两边柱墩上各面出壁柱，其上大跨度尖拱光面无线脚。

侧廊上部无廊台，于本堂拱顶下开圆窗采光。教堂东端三面出半八角形巨室。巨室外围包容5个成放射形布置的小礼拜堂。本堂与耳堂交会处，设八角形祭坛一个。室内构图庄重，风格朴实，垂直特点不明显，壁柱造型更表现出古典建筑的影响。但外部以黑、绿和粉色条纹大理石镶砌成的格板，和雕刻、马赛克及石刻花窗一起，使总体呈现出一派华丽的风格，与室内的简朴恰成反照。总体外观稳重端庄，比例和谐，没有飞拱和小尖塔，水平线条划分明显，表现出浓重的意大利地方特色，和法、德等国哥特式建筑迥然异趣。

高106米的中央穹顶为意大利早期文艺复兴建筑的第一个作品。基部八边形，直径42.2米，各面带圆窗的鼓座高10余米。设计者成功地把一个文艺复兴式的屋顶形式和一个哥特式建筑结合起来，并通过鼓座，使穹顶在建筑外部的构图作用得以充分显现，成为城市轮廓的重要组成部分。这是自古罗马时代以来，穹顶建筑的一个巨大进步。

佛罗伦萨大教堂的穹顶

[六、意大利文艺复兴时期的府邸建筑]

在意大利文艺复兴建筑中，府邸建筑引人注目。具有代表性的建筑是美第奇府邸、法尔尼斯府邸和圆厅别墅。

美第奇府邸 1444 ～ 1460 年建于佛罗伦萨，是文艺复兴早期府邸建筑的代表作，设计人米开罗佐，为佛罗伦萨的统治者美第奇家族所建，后改名吕卡第府邸。这座建筑的平面为长方形，有一个围柱式内院、一个侧院和一个后院，并不严格对称。房间从内院和外立面两面采光，立面构图统一，檐部高度为立面总高度的八分之一，挑出 2.5 米，与整个立面成柱式的比例关系。第一层墙面用粗糙的石块砌筑；第二层用平整的石块砌筑，留有较宽较深的缝；第三层也用平整的石块砌筑，但砌得严丝合缝。这种处理方法，增强了建筑物的稳定性和庄严感，为后来的这类建筑所效法。

法尔尼斯府邸 1515 ～ 1546 年建于罗马，是文艺复兴盛期府邸的典型建筑。设计人是小桑迦洛。府邸为封闭的院落，内院周围是券柱式回廊。入口、门厅和柱廊都按轴线对称布置，室内装饰富丽。外立面宽 56 米，高 29.5 米，分为三层，有线脚隔开，顶上的檐部很大，和整座建筑比例合度，墙面运用外墙粉刷与隅石的手法。正立面对着广场，气派庄重。

圆厅别墅 1552 年建于维琴察，是文艺复兴晚期府邸的典型建筑，为建筑大师 A. 帕拉第奥的代表作之一。别墅采用了古典的严谨对称手法，平面为正方形，四面都有门廊，正中是一圆形大厅。别墅的四面对称的形式对后来建筑颇有影响。

第十二章　古典主义建筑

［一、古典主义建筑］

运用“纯正”的古希腊、罗马建筑和意大利文艺复兴建筑样式及古典柱式的建筑。主要是法国古典主义建筑，以及其他地区受它影响的建筑。广义的古典主义建筑指在古希腊建筑和古罗马建筑的基础上发展起来的意大利文艺复兴建筑、巴罗克建筑和古典复兴建筑。其共同特点是采用古典柱式。古典主义建筑通常取狭义。

17 世纪下半叶，法国文化艺术的主导潮流是古典主义。古典主义美学的哲学基础是唯理论，认为艺术需要有像数学一样严格明确、条理清晰的规则和规范。同当时文学、绘画、戏剧等艺术门类一样，建筑中也形成了古典主义的理论。法国古典主义理论家 J.F. 布隆代尔曾宣称“美产生于度量和比例”，他认为意大利文艺复兴时代的建筑师通过测绘研究古希腊罗马建筑遗迹得出的建筑法式是永恒的金科玉律。他还说，“古典柱式给予其他一切以度量规则”。古典主义者在建筑设计中以古典柱式为构图基础，突出轴线，强调对称，注

伦敦圣保罗大教堂（1675～1710，英国建筑师C.雷恩设计）

重比例，讲究主从关系。巴黎卢浮宫东立面的设计集中地体现了古典主义建筑的原则，凡尔赛宫以及英国伦敦圣保罗大教堂也是古典主义的代表作。

古典主义建筑以法国为中心，向欧洲其他国家传播，以后又影响到世界广大地区。在宫廷建筑、纪念性建筑和大型公共建筑中采用尤多，到18世纪60年代至19世纪又再次出现了古典复兴建筑的潮流。世界各地许多古典主义建筑作品至今仍然受到赞美。19世纪末和20世纪初，随着社会条件的变化和建筑自身的发展，作为完整建筑体系的古典主义为其他建筑潮流取代。但古典主义建筑作为一项重要的文化遗产，建筑师们仍然可从其中汲取一些有用的因素。

[二、法国古典主义建筑]

法国在路易十三（1610～1643年在位）和路易十四（1643～1715年在位）专制王权极盛时期开始竭力崇尚古典主义建筑风格。古典主义建筑造型严谨，普遍应用古典柱式，内部装饰丰富多彩。法国古典主义建筑的代表作是规模巨大、造型雄伟的宫廷建筑和纪念性的广场建筑群。这一时期法国王室和权臣建造的离宫别馆和园林，为欧洲其他国家所仿效。

随着古典主义建筑风格的流行，巴黎在1671年设立了建筑学院，学生多出身于贵族家庭，他们瞧不起工匠和工匠的技术，形成了崇尚古典形式的学院派。学院派建筑和教育体系一直延续到19世纪。学院派有关建筑师的职业技巧和建筑构图艺术等观念，统治西欧的建筑事业达200多年。

早期古典主义建筑的代表作品有巴黎卢浮宫的东立面（1667～1674）、凡尔赛宫（1661～1756）和巴黎伤兵院新教堂（1680～1691）等。凡尔赛宫不仅创立了宫殿的新形制，而且在规划设计和造园艺术上都为当时欧洲各国所效法。伤兵院新教堂又译残废军人新教堂，是路易十四时期军队的纪念碑，也是17世纪法国典型的古典主义建筑。新教堂接在旧的巴西利卡式教堂南端，平面呈正方形，中央顶部覆盖着有3层壳体的穹窿，外观呈抛物线状，略微向上提高，顶上还加了一个文艺复兴时期惯用的采光亭。穹窿顶下的空间是由等长的四臂形成的希腊十字，四角上是四个圆形的祈祷室。新教堂立面紧凑，穹窿顶端距地面106.5米，是整座建筑的中心，方方正正的教堂本身看来像是穹窿顶的基座，更增加了建筑的庄严气氛。

在18世纪上半叶和中叶，国家性的、纪念性的大型建筑比17世纪显著减少。代之而起的是大量舒适安谧的城市住宅和小巧精致的乡村别墅。在这些住宅中，美轮美奂的沙龙和舒适的起居室取代了豪华的大厅。在建筑外形上，虽然巴罗克教堂式样很快为其他建筑物所效法，但这时期巴黎建筑学院仍是古典主义的大本营。

当时的著名建筑有和谐广场（1753～1770）和南锡市的市中心广场（1750～1757）等。后者由在一条纵轴线上的3个广场组成：北为政府广场，长圆形；南为斯丹尼斯拉广场，长方形；中间是一个狭长的广场。广场群是半封闭的，空间组合富有变化，又和谐统一。广场上的树木、喷泉、雕像、栅栏门、桥、凯旋门和建筑物的配合也很恰当。

[三、卢浮宫]

原是法国王宫，现为法国国立艺术博物馆所在地。位于巴黎市中心塞纳河右岸边。1190～1204年间，法王腓力二世为存放王室档案和珍宝而建造。15～18世纪末曾四次改建和扩建。1793年，法国国民议会宣布这里作为博物馆向观众开放。此后又大规模扩建，到1868年，卢浮宫的建筑才全部完成。

卢浮宫钟楼

卢浮宫分为东、中、西三个院落。东院建成最早，是较小的方形院，后来向西延伸建成中院，再向西建成敞开式的较大的西院。三部分均为三层楼，有的部位建有地下层。各部分因建筑时期不同而风格各异。其中，中院的东立面是1624年建筑学家J.勒梅西应路易十三的要求，在1546年早期文艺复兴风格的基础上重新设计和扩建的，保留了意大利式的壁柱和檐廊。建筑为古典主义风格，古朴清新，庄严肃穆，最为人们推崇。

卢浮宫金字塔形入口

为了解决王宫改为博物馆在观众分流方面存在的问题及实现大卢浮宫计划，法国政府聘请美国建筑师贝聿铭设计，于1982年在卢浮宫中院内建造一大四小共五个玻璃金字塔形透明屋顶，其中大金字塔下用作观众入口，在地下分流进入北东南三翼各展室。

卢浮宫代表一种独特的艺术成就和一种创造性的天才杰作，在当时是宫殿建筑的杰出范例，对欧洲建筑艺术的发展产生过重大影响。1991年，巴黎市中心塞纳河两岸作为文化遗产被列入《世界遗产名录》，卢浮宫是其中一部分。

［四、凡尔赛宫］

位于巴黎西南18千米的凡尔赛，原为法国王宫，是法国巴罗克和古典主义建筑的代表作，以宫殿和园林建筑的艺术成就闻名于世。该地本是狩猎场，路易十三曾在此建造一座砖砌猎庄。这座三合院式的建筑即今日凡尔赛宫的

凡尔赛宫外景

核心（即以后的大理石院）。1661 年路易十四决定在这里建宫，工程开始的主持人为建筑师 L. 勒沃。他在原有宫邸南、西、北三面扩建，又把它的南北两翼延长，形成御院。东西主轴线和花园的规划由著名造园家 A. 勒诺特尔负责。1678 年，继续扩建的重任落到学院派古典主义建筑的代表、时年 31 岁的 J.H. 孟萨肩上。他修建了南北两翼，使建筑总长达到 402 米。18 世纪路易十五时期，加布里埃尔又搞了一些扩建。至此，工程大体完成。

宫殿广场前的检阅场为 3 条放射形大道的交会点，是法国专制君权强调严格秩序的唯理主义思想同巴罗克建筑开放布局结合的产物。宫殿西立面朝向花园，展开长度达 680 米，高度划一，平顶到头，意大利作风显著，与入口一面格调相异。立面划分依古典程式，强调水平线条。但因中央主体部分

向前突出，将立面分成 3 段，每段之内，下两层又有几个小的突出体量，立面并不显得呆板单调。

石头建造的新宫南翼是王子和亲王们的住处，北翼是法国中央政府办公处所，并有教堂、剧院等。宫内有宽阔的联列厅和堂皇的大理石楼梯，饰有壁画和各种雕像。中央部分轴线上即孟萨建造的长 73 米的镜廊。这是宫内最重要的厅堂，也是欧洲历史上许多重大事件的发生地。朝向花园一面辟 17 个拱形巨窗，内墙上有 17 个同样形式和大小的镜窗与之对应，可以远眺建筑东西主轴上的壮丽景色。

宫殿西面花园面积约 6.7 平方千米，规模在世界皇家园林中首屈一指，是法国古典园林设计的典范。其主体部分以东西主轴为中心，两边布局大致

凡尔赛宫镜廊

取均衡态势。主轴上依次布置台地、绿地、水池和大运河等。另有若干次要轴线和次要空间，或与主轴相交或与之平行。道路、广场、水池乃至植物均取几何造型，结合大量的雕像和喷泉，充分发挥了透视和对景借景的效果，使这个宫殿在整体规划和建筑、园林等方面均成为以后欧洲一些国家的模仿对象。

凡尔赛宫是法兰西艺术的明珠。1837 年改为国家博物馆。凡尔赛宫与许多重大历史事件有关。在此曾签订过多次和约，著名的有：1871 年普法战争的和约，1892 年结束北美独立战争的和约及 1919 年结束第一次世界大战的《凡尔赛和约》。

[五、伦敦圣保罗大教堂]

英国基督教教堂。位于伦敦城西部的卢德门山顶。由东撒克逊王埃塞尔伯特始建于604年，后几度重建。现存教堂是在1666年大火后由英国建筑师C. 雷恩设计、1675年开始兴建、1710年完工的，工程费用达75万英镑。1940年底，教堂在空袭中遭到损坏，第二次世界大战后修复。

主体建筑是一座用白色石块建成的大楼，平面呈士字形（拉丁十字形），长156.9米、宽轴69.3米。士字底边是正门，正门有上下两层双柱廊，上部三角墙面雕刻着圣保罗到大马士革传教图，三角墙顶上立有圣保罗石雕像。

俯瞰伦敦圣保罗大教堂

楼内是用方形石柱支撑起的高大的拱形大厅，上层贴墙有廊道。大厅的墙壁和天花板有各种精美雕刻和豪华装饰。十字中间即十字交叉处托起一座直径34米、高111.4米的巨大的圆形穹窿顶两层建筑，底层外有廊柱，顶层有一圈石栏围成的阳台，穹窿顶上安放着镀金大十字架。教堂正面建筑两端建有对称的钟楼，其西南角钟楼内吊着一具重17吨的铜钟。

伦敦圣保罗教堂以悠久的历史和壮观的建筑闻名于世，建筑内的装修也十分精致，唱诗班席位的镂刻木工、圣殿大厅和教长住处螺旋形楼梯上的铁制工艺，都是当时艺术与装饰工艺的杰作。教堂内还有许多王公贵族和社会名流的坟墓和墓碑，如英国海军上将H.纳尔逊、英国首相A.W.威灵顿公爵等。

教堂内景

第十三章　美洲古代建筑

[美洲古代建筑]

中美洲和南美洲在古代都有过较高的文化。公元前1000年左右，奥尔梅克人在墨西哥湾附近建造了一批宗教建筑，多为金字塔形，顶部有平台，上建神殿。通向神殿的阶梯位于金字塔一面的正中。神殿模仿木构草顶的居住建筑，规模不大，仅供宗教活动。这种建筑成为古代美洲宗教建筑的蓝本。

特奥蒂瓦坎建筑　公元前500至公元750年建于墨西哥高原，公元2～3世纪为极盛时代，所属民族不详。主要城市特奥蒂瓦坎面积20平方公里，人口达20万。城内有供水渠道、水库、作坊、露天市场、剧场、蒸汽浴室、官署等。城市布局的特点为：主要建筑沿城市轴线布置，各建筑群内部对称，形体简单的建筑立在台基上，以57米为城市的统一模数，居住建筑内部有庭院采光通风。特奥蒂瓦坎建筑的主要代表为太阳神金字塔建筑群，包括月神庙金字塔、羽蛇神庙、太阳神金字塔等，保留至今。太阳神金字塔基座面积为225米见方，全高（包括原建神殿）75米，共分五级。

玛雅建筑　玛雅人从公元前一千多年至公元10世纪左右在墨西哥尤卡坦半岛和危地马拉、洪都拉斯一带建有上百个城市，主要有蒂卡尔（居民45000人）、乌斯马尔等。玛雅人擅长建叠涩拱，所建神殿顶上有方台形顶冠，高达殿身两倍。金字塔座较陡，强调建筑的垂直向上感。室内常有壁画。代表性建筑如蒂卡尔Ⅰ号神殿（约建于公元500年）。金字塔座分为10阶，座面长34米，宽29.8米，高30.5米，至神殿顶冠的总高为47.5米。神殿内为叠涩拱顶，建筑外形高耸挺拔，最高的Ⅳ号神殿，高70米。一般玛雅居住建筑内部空间狭长。

托尔特克建筑　托尔特克人文化与玛雅人文化平行发展，建筑也很相像。其中心在墨西哥图拉和奇清－伊扎等地。托尔特克建筑开始重视内部空间，出现了柱式墙和柱廊。建筑也由粗糙庞大转向细致典雅。卡斯提罗神殿的金字塔座四面设阶梯，比例匀称，气氛庄重，尺度也较合宜。附近有战士庙，其外有大片石柱廊，柱为方形，上刻浅浮雕，称为千柱群。

阿兹特克建筑　14世纪，阿兹特克人在今墨西哥城外建立首都特诺奇蒂特兰。城市在盐湖中央，居民达20万（一说30万）人。城市分四区，纪念建筑中心在城中央，包括神殿、学校、图书馆、教士住宅等。中央的巨大广场可容8600人站成环形，跳舞作乐。贵族住宅已达很高水平，外部多用石膏粉刷，耀眼壮观。16世纪西班牙殖民者入侵后，原有建筑被破坏无遗，只留下文字记载。

印加帝国建筑　在南美秘鲁一带的印加帝国的代表建筑遗作有蒂亚瓦纳科太阳门，建于12世纪，用整块山岩凿成，宽3.8米，高3米，雕刻精美。

第十四章　伊斯兰建筑

[伊斯兰建筑]

主要包括 7 ～ 13 世纪阿拉伯国家的建筑，14 世纪以后奥斯曼帝国的建筑，16 ～ 18 世纪波斯萨非王朝的建筑，以及印度、中亚等国的一些建筑。7 世纪阿拉伯人崛起，至 8 世纪成为一个横跨亚、欧、非三洲的阿拉伯帝国，后分裂为一些独立的国家。阿拉伯人汲取希腊、罗马、印度古代的建筑经验，在继承两河流域和波斯建筑传统的基础上，形成独特的建筑风格，建造了清真寺、宫殿、旅舍、住宅府邸和宏伟的陵墓。

伊斯兰建筑的礼拜寺通常是一个封闭的庭院，围绕院落建有一圈拱廊或柱廊，朝麦加方向的一边加宽，做成礼拜殿，礼拜殿和廊均向院落敞开。院落中央有水池或洗礼堂。寺内有光塔，少则 1 个，多则 4 ～ 6 个。开罗的伊本·土伦礼拜寺（876 ～ 879）是早期的实例。11 世纪后，波斯和中亚地区的礼拜寺一般围绕中央院落建造殿堂，中央的方形大厅上有高耸的穹顶。

1453 年，土耳其灭拜占廷，以君士坦丁堡为首都后，模仿圣索菲亚大教堂的形式，采用集中式平面建造礼拜寺，中央设一方厅，两侧和后方的厅堂都向方厅敞开。后来，由于仪典的需要，后方大厅逐渐加宽加深，与方厅连成一片，但穹顶仍各自独立。

各地住宅平面形制差别较大，但一般都有内院，正对院子的为主要房间。房前常有一个完全开敞的大厅，用于采光、通风。大型住宅为适应气候的要求，有不同朝向的夏季用房和冬季用房，并按照伊斯兰教戒律，把妇女活动部分和男子活动部分用廊子或楼层隔开。

伊斯兰建筑造型上的主要特征是采用大小穹顶覆盖主要空间。早在波斯萨珊王朝（226 ～ 651）时期，就流行在方形房间上用叠涩法砌筑穹顶，穹顶纵断面为椭圆形。7 世纪初伊斯兰教兴起后，继承这一传统并于 8 世纪起发展出双圆心尖券、尖拱和尖穹顶，砌筑精确，形式简洁。到 14 世纪，又创造了四圆心券拱和穹顶，完全淘汰了叠涩法。四圆心穹顶外形轮廓平缓，曲线柔和，与浑厚的砖墙建筑以及方形体量更为和谐。

纪念性建筑的穹顶位于中央部位，力求高耸，在穹顶下加筑一个高高的鼓座，以穹顶统率整个建筑，气势非凡。为了保持室内空间的完整，在鼓座之下内部另砌一个半球形穹顶。

伊斯兰建筑主要的装饰手法是利用各式各样的尖券、穹顶和大面积的图案。门窗和券面是装饰的重点，材料常用雕花木板和大理石板。用作装饰的券形除双圆心券、四圆心券外，还有马蹄形、火焰形、扇贝形、花瓣形或叠层花瓣形等。券面上有精致华丽的雕刻。墙面往往砌成各式纹样，或贴石膏浮雕，色彩有诸多变化。穹顶和墙面也常采用琉璃砖覆盖。这些装饰手法使得实墙面很多的伊斯兰建筑显得华丽精美而无笨重感。在礼拜寺内早期是用从密的柱林支撑着上面的拱券，墙面多为大理石或彩色马赛克瓷砖片贴面。晚期墙面装饰丰富，常在抹灰墙上绘壁画，也有用琉璃砖贴面或砌成图案的。所有这些都形成了伊斯兰建筑独具特色的装饰。

第十五章　古代印度建筑

[一、古代印度建筑]

印度河和恒河流域是古代世界文明发达地区之一，是佛教、婆罗门教、耆那教的发祥地，后来又有伊斯兰教，留下了丰富多彩的建筑。印度河下游现巴基斯坦境内的摩亨佐达罗城址已经考古发掘和研究，城市建于公元前2350～前1750年期间，已有一定规划，各种建筑形制也初步形成。

佛教建筑　古代印度遗留下了窣堵波、石窟、佛祖塔等佛教建筑。堵波是埋葬佛骨的半球形建筑，现存最大的一个在桑吉，约建于前250年。其半球体直径32米、高12.8米，下为一个直径36.6米、高4.3米的鼓形基座。半球体用砖砌成，红色砂岩饰面，顶上有一圈正方石栏杆，中间是一座亭子，名曰佛邸。窣堵波周围竖石栏杆，四面正中均设门，门高10米，立柱间用插榫法横排三条断面呈橄榄形的石枋。门上满布深浮雕，轮廓上装饰圆雕题材多取佛祖本生故事。

石窟分两种。举行宗教仪式的石窟名支提窟，平面长方形，远端为半圆形，半圆形中间设一窣堵波。除入口处外，沿内墙面有一排柱子。另一种石窟称精舍，以一个方厅为核心，三面凿出几间方形小室，供僧侣静修之用，第四面入口处设门廊。精舍和支提窟常相邻并存，如阿旃陀的石窟群。

在相传为佛祖释迦牟尼悟道的地方——菩提伽耶建有一庙一塔。塔即佛祖塔，始建于2世纪，14世纪重建。塔为金刚宝座式，在高高的方形台基中央有一个高大的方锥体，四角有四座式样相同的小塔。塔身轮廓呈弧线，由下至上逐渐收缩，表面满布雕刻。

印度的佛教建筑随佛教传入中国，对中国的石窟艺术有一定影响。

印度教建筑 10世纪起，印度各地普遍建造印度教庙宇。形制参照农村的公共集会建筑和佛教的支提窟，用石材建造，采用梁柱和叠涩结构。其外形从台基到塔顶连成一个整体，满布雕刻。建筑形式各地不同：北部的寺院体量不大，有一间神堂和一间门厅，门厅部分檐口水平挑出，上为密檐式方锥屋顶，最上端为一扁球形宝顶。神堂上面是一个方锥形高塔，塔身密布凸棱，塔顶也是扁球形宝顶。神堂里通常为一间圣殿，四面正向开门。最杰出的实例是科纳拉克太阳寺。南部寺院规模庞大，通常以神堂作为主体，还有僧舍、旅驿、浴室、马厩等；周围设长方形围墙。神堂及每边围墙中央的大门顶上都有高耸的方锥形塔，虽满布雕刻，仍保持单纯几何形体的轮廓。典型例子是马杜赖大寺。中部寺庙的四周有一圈柱廊，内为僧舍或圣物库。院子中央宽大的台基正中是一间举行宗教

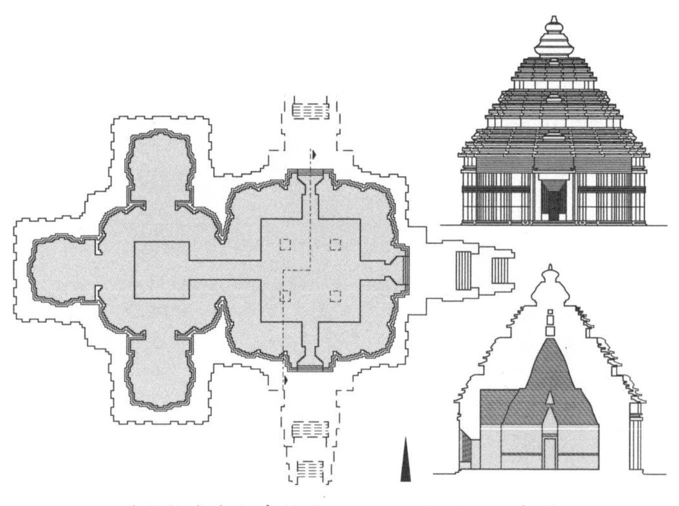
科纳拉克太阳寺的平面、立面和剖面示意图

仪式的柱厅，它的两侧和前方，对称地簇拥着三或五个神堂。神堂平面为放射多角形。神堂上的塔不高，彼此独立，塔身轮廓柔和。一圈出挑很大的檐口把几座独立的神堂和柱厅联为一体。

耆那教建筑 耆那教是印度古老的宗教，主要于 1000 ～ 1300 年间在北方各地兴建寺庙，其形制与印度教庙宇差别不大。主要特征是有一个十字形平面的柱厅，柱子和柱头上长长的斜撑支承着八角或圆形的藻井。藻井精雕细琢，极其华丽。

伊斯兰教建筑 信仰伊斯兰教的莫卧儿帝国统治印度时，各地建造了大量清真寺、陵墓、经学院和城堡。这些建筑的形制虽受中亚、波斯的影响，但已具有独立特点。穹顶技术有很大进步，清真寺、陵墓多以大穹顶为中心形成集中式构图，四角由体形相似的小穹顶衬托。立面设带尖券的龛。墙体多用紫赭色砂石和白色大理石装饰，同时广泛使用大面积的大理石雕屏和窗花。这类建筑轮廓饱满，色彩明朗，装饰华丽，具有强烈的艺术效果。泰姬陵为印度伊斯兰建筑的代表作品。

[二、泰姬陵]

印度莫卧儿王朝皇帝沙·贾汗为爱妃蒙泰吉·玛哈尔建造的墓。沙·贾汗死后也葬于此。位于印度北方邦阿格拉城外，建于 1630 ～ 1653 年，为印度伊斯兰建筑的代表作。

陵墓坐落在一个宽 293 米、长 576 米的长方形花园中，外有围墙。正面第一道门内是宽 161 米、深 123 米的大院，两侧各有两个较小的院落。第二道门内是一片宽 293 米、深 297 米的大草地，以十字形水渠分成相等的四部分，水道交叉处设喷水池。水面、带铺石的道路和行道树沿主轴延伸至尽头，白色大理石的陵墓就位于北端 96 米见方、5.5 米高的石台基上。台基四角各有一座高 41 米的光塔。白色大理石的陵墓和两旁赭红色砂石建筑物之间以长方形水池相隔。陵墓背后由杰姆尼河衬托，整体呈现出肃穆明快的气氛。

陵墓主体八角形，由边长 56.7 米的正方形抹去四角而成。对称的四方形体四面设巨大的拱门，其间设小拱门计 24 个。中央复合式穹顶立在一个不高的鼓座上。内穹顶直径 17.7 米，高 24.4 米，上面的外穹顶高近 61 米。四角各有一座形状相似的小穹顶作为陪衬。陵墓内部中心是一个八角形的厅堂，周围还有 4 间小室。光线透过大理石雕花格窗洒落下来，气氛幽谧宁静。中央墓室石棺周围由雕刻精细的大理石屏风围绕。

动用了 2 万多工匠，历时 22 年完成的泰姬陵被誉为“印度的明珠”。在建筑上它已被公认为成功的范例：高大宽阔的台基使整体稳定、舒展；建筑体量简洁明快，主从关系明确清晰；穹顶和尖塔既增强了向上的动势，又极大地丰富了群体的廓线；大小凹廊层次丰富，虚实相衬；陵寝比例谐和，尺度合宜。无论是在璀璨的阳光下，还是在皎洁的月色里，它都能给人留下深刻的印象。

泰姬陵景观

第十六章　东南亚古代建筑

[一、仰光大金塔]

缅甸大型佛塔。又称瑞德宫塔、瑞光大金塔。约始建于公元前 585 年，初建时高度不足 9 米，因传说塔内藏有释迦牟尼的 8 根佛发而成为佛教圣地。15 世纪时国王频耶乾（1450 ～ 1455 年在位）把塔加高到约 100 米，底部周长 427 米。他的继承人信修浮女王（1455 ～ 1472 年在位）又在塔周围增建了其他建筑物。以后又经历代修整，其中规模最大的一次是 1774 年，塔身加高到现在的 112 米，基本形成今日面貌。缅甸佛塔系在印度传入的窣堵波基础上发展而成，仰光大金塔是其主要代表作，也是当今缅甸最著名的胜迹。

大金塔耸立在仰光市北面一个山丘上，坐落在一个高数十米的平台中间，塔基四角各有一座半人半狮雕像，周围环绕着造型相近的 4 座中塔和 64 座小塔，4 道长廊式的台阶自地面通向塔前。主塔本身砖砌实心，外廓呈覆钟形，由宽大的基底向上收缩攒尖，形成柔和的曲线。塔身虽为多层，但水平划分

并不明显，因而具有强烈向上的动势，在周围小塔的烘托下显得格外高大挺拔。塔表面抹灰后满贴金箔，历次修葺中在上面又镶嵌红、蓝、绿等色宝石。塔顶上精致的华盖重约 12.5 吨。

[二、吴哥寺]

柬埔寨西北暹粒省暹粒市的一座印度教－佛教庙宇。又称吴哥窟。它是柬埔寨古代石构建筑和石刻艺术的代表作。寺址在高棉当时的首都吴哥城南郊，大湖（洞里萨湖）北岸，为真腊王苏利耶跋摩二世（1113 ～ 1150 年在位）时建，他死后作为祭祀他的庙宇。15 世纪为避外患，真腊定都金边，吴哥城废，

吴哥寺俯瞰

寺院荒芜，逐渐湮没在茫茫林海之中。1860年，法国博物学家亨利·穆奥为寻获热带植物，深入柬埔寨丛林，才发现了这些历经400多年风吹雨打依然宏伟壮观的残墟。此后自19世纪起开始对其进行整修。

吴哥寺布局规整，中轴对称。基地呈长方形，周围有宽190米、周长5.6千米的壕沟。壕沟内围墙两重。外墙东西长约1025米，南北长约820米，西墙正中为正门，由正门经过沿着东西向主轴线的347米长的石道，可达长270米、宽340米的内墙围绕的主殿。

主殿建在一座三层台基上，每层台基边沿有石砌回廊。底层台基高4米，回廊东西长200米，南北长180米；廊壁布满雕刻，题材取自印度史诗《摩诃婆罗多》和《罗摩衍那》中的故事，也有描绘苏利耶跋摩二世出征的图景。

第二层台基高 8 米，回廊东西长 115 米，南北长 100 米，四角有塔。底层和二层台基的西侧回廊角部有经藏。上层台基高 13 米，平面呈正方形。回廊每边长 60 米。上有五座尖塔，构成金刚宝座塔形。四角的塔比中央神堂上的大塔稍小。各层台基四侧的中间和两端有踏步相连，各层回廊的南北两侧中间各开一门，形成与主轴垂直的另一轴线。中央大塔位于纵横轴线的交点上，塔本身高 42 米，塔尖高出庭院地面 65 米。吴哥寺的立面构图颇具匠心：水平方向伸展很长，用廊柱加以垂直分划，群塔轮廓曲线柔和，如春笋般显示出向上的动势，形象端庄秀丽，和谐统一。柬埔寨国旗图案中央就是吴哥寺的五塔。

第十七章　日本古代建筑

[一、日本古代建筑]

指日本在明治维新以前的建筑。日本大部分地区气候温和，雨量充沛，盛产木材，木架草顶是日本建筑的传统形式。房屋采用开敞式布局，地板架空，出檐深远。居室小巧精致，柱梁壁板等都不施油漆。室内木地板上铺设垫层，通常用草席作成，称为“叠”（汉语音译“榻榻米”），坐卧起居都在上面。古代日本风俗，一屋只住一代，下一代另建新屋居住，持统女皇（690 ～ 697 年在位）以前，皇室也是每朝都营新宫。钦明天皇在位（539 ～ 571）时，随着中国文化的影响和佛教传入，日本建筑开始采用瓦屋面、石台基、朱白相映的色彩以及有举架和翼角的屋顶。出现了宏伟庄严的佛寺、塔和宫室，住宅和神社的建筑的式样也发生变化。外来文化对日本建筑的影响大体可以分为两个阶段：第一阶段是吸收中国南北朝和隋唐文化，到 9 世纪末逐渐日本化；第二阶段是受中国宋、元、明三代文化的影响，到 16 世纪以后完成日本化。

佛寺 日本古代建筑的主要类型之一。624年，日本全国有佛寺46所。奈良时代（710～784）佛教兴盛，全国佛寺增加到几百所。著名的是奈良前期重建的法隆寺（607）西院，其主要建筑物塔、佛殿、中门、回廊是日本现存最古的建筑物，建筑式样仍保持飞鸟时期的特色。奈良中期迁都平城京后，大力吸收唐代中国文化，在各诸侯国建立国分寺，在平城京建造总国分寺——东大寺。东大寺的大殿面阔11间，高约40米，殿内佛像高20米左右，是当时日本最宏伟的建筑物，大殿前有东西二塔，后有讲堂，现在寺内仅铜佛是当时旧物。奈良后期的代表性建筑物唐招提寺（759）金堂，是中国鉴真和尚东渡后率弟子建造的，反映了中国唐代建筑的风格。平安时代（794～1192）华丽的阿弥陀堂发展起来，突出的有宇治的平等院凤凰堂（1053）、京都府净琉璃寺的阿弥陀堂等。其中凤凰堂汇集了绘画、雕刻、工艺、建筑各方面的精品。镰仓时代（1192～1333）新兴的武士势力取代贵族集团执政，中国宋代传入的禅宗获得武士们的赞赏和信仰，禅寺由此兴起，实例有镰仓圆觉寺舍利殿等。此类寺庙往往仿照中国宋代建筑，称为“唐样”；因袭平安时代旧样的建筑，称为“和样”；另一些受中国东南沿海一带建筑式样影响的佛寺，则称为“大佛样”或“天竺样”，典型实例有奈良东大寺南大门和兵库县净土寺净土堂。室町幕府时代（1338～1573），禅宗继续有所发展，在京都和镰仓都仿照南宋时中国禅宗的五山十刹之制，设立五山寺院。

住宅　日本早期住宅多采用木架草顶，下部架空如干栏式建筑。佛教传入后，住宅也有明显变化。圣武天皇在位时（724～748）朝廷鼓励臣下建造“涂为赤白”（柱梁涂朱，墙壁刷白）的邸宅。奈良时代留下的唯一住宅实例是已被改造成法隆寺东院传法堂的一座五开间木架建筑，原是圣武天皇皇后之母橘夫人的邸宅。平安时代贵族住宅采用“寝殿造”式样，主人寝殿居中，左、右、后三面是眷属所住的“对屋”，寝殿和对屋之间有走廊相连，寝殿南面有园池，池旁设亭榭，用走廊和对屋相连，供观赏游憩之用。镰仓时代的武士住宅，出于防御上的考虑，平面形式和内部分隔都很复杂，布局和外观富有变化。僧侣们则因读经需要而在居室旁设置小间作为书房，这是“书院造”式住宅的萌芽。到了室町（1338～1573）和桃山（1573～1600）时期，书院造式住宅兴盛起来。这种住宅平面开敞、简朴，分隔灵活，室内设有“书院”（读书用的小空间）、“床之间”（挂字画和插花、插香等清供之处，形如壁龛）、“违棚”（放置文具图书的架子）等陈设和室内处理，富有特色。由于商业繁荣，各地领主所在地，以城堡为中心的“城下町”（集镇）兴起，世俗建筑如市房、商家都有所发展；而茶道在武士和文人中的流行，又促进了茶室建筑的发展，以具有农家风味的草庵式茶室最富有特色，这种风格的建筑物称为“数寄屋”（意为风雅之屋）。16世纪末到17世纪初，各地诸侯兴起一阵兴建城堡望楼——“天守阁”之风。这是一种木结构的高层楼阁，不仅具有防御上的实用目的，而且还作为政治上炫耀和威慑的手段。著名的有犬山、姬路、松本、熊本、名古屋等天守阁。江户初期（1615）发布禁令，限制筑城，后此风渐绝。

[二、日本庭园]

日本气候温润多雨，山明水秀，为造园提供了良好的客观条件。日本民族崇尚自然，喜好户外活动。中国的造园艺术传入日本后，经过长期实践和创新，形成了日本独特的园林艺术。

沿革 日本历史上早期虽有掘池筑岛，在岛上建造宫殿的记载，但主要是为了防御外敌和防范火灾。后来，由于中国文化的影响，庭园中出现了游赏内容。《日本书纪》载：显宗天皇元年（485）“三月上巳幸后苑曲水宴”、武烈天皇八年（505）“穿池起苑，以盛禽兽”，都是游赏事例。曲水之宴曾是中国汉、晋上流社会盛行的一种春游活动，苑中置禽兽供赏玩，也是中国自汉以来帝苑的传统内容。

钦明天皇十三年（552），佛教东传，中国园林对日本的影响扩大。日本宫苑中开始造须弥山，架设吴桥等。朝臣贵族纷纷建造宅园。据《日本书纪》载：推古天皇三十四年（625），大臣苏我马子“家于飞鸟河之旁，乃庭中开小池，仍兴小岛于池中，故时人曰岛大臣”。《万叶集》诗歌中也有描写贵族第宅中园林风光的作品。20 世纪 60 年代，平城京考古发掘表明，奈良时代的庭园已有曲折的水池，池中设岩岛，池边置叠石，池岸和池底敷石块，环池疏布屋宇。

平安时代前期庭园要求表现自然，贵族别墅常采用以池岛为主题的“水石庭”。到平安时代后期，贵族邸宅已由过去具有中国唐朝风格的左右对称形式，发展成为符合日本习俗的“寝殿造”形式。这种住宅前面有水池，池中设岛，池周布置亭、阁和假山，是按中国蓬莱海岛（一池三山）的概念布置而成的。例如京都宫道氏旧园，在寝殿（现已不存）南面有水池，池中有三座小岛，池西设泷石组（即叠落式溪流，近似小瀑布）。这个时期的庭园用石渐多，有泷石组、遣水石组（在水流边的布石）、池中小岛式石组（所谓龟岛、鹤岛、蓬莱岛等）。一些佛寺也多在大殿前辟水池，池中设岛，或在岛上建塔。岩手县毛越寺和京都法胜寺即为遗例。记述平安时期造园经验的《作庭记》，是日本最早的造园著作。

武士阶层掌握政权后，京都的贵族仍按传统建造蓬莱海岛式庭园，鹿苑寺庭园即为一例。另一方面，由中国传入的禅宗佛教兴盛起来，禅僧的生活态度以及携来的茶和水墨山水画等都对日本上层社会产生很大影响，从而也引起日本住宅和园林建筑的变化。禅、茶、画三者结合孕育而成的思想情趣，使日本庭园产生一种洗练、素雅、清幽的风格。当时最负盛名的造园家是镰仓末期的禅僧疏石（梦窗国师），他曾设计构筑京都西芳寺、天龙寺、镰仓端泉寺、甲州惠林寺等的庭园。他也是枯山水式庭园的先驱，对日本庭园的发展有很大影响。

在禅与画的进一步影响下，枯山水式庭园发展起来。这种庭园规模一般较小，园内以石组为主要观赏对象，而用白砂象征水面和水池，或者配以简素的树木。典型实例是京都大德寺大仙院和龙安寺庭院（均为方丈庭园）。大仙院建于 1513 年，庭园位于方丈室前，宽仅 5～6 米，以一组有“瀑布”的石组为主体，象征峰峦起伏的山景，山下有“溪”，用白砂耙出波纹代替溪水。这种无水而似有水、有声寓于无声的造园手法，犹如写意山水画，是一种有高度想象力的艺术概括。龙安寺方丈庭园枯山水全用白砂敷设，不植树木，白砂中缀石组五处，共十五块，分为五、二、三、二、三，由东到西，面向方丈室作弧形布置，风格洗练而含蓄，被视为枯山水庭园代表作。

桃山时期多为武士家的书院庭园。室町末期至桃山初期是群雄割据的乱世，各地诸侯建造高大坚固的城堡，邸宅庭园则以宏大富丽为荣，如二条城、安土城、聚乐第、大阪城、伏见城。但蓬莱山水和枯山水仍然是庭园的主流。园林植物方面创造出“刈込法”，这是一种对树木进行整形修剪的方法，一般都是把成片栽植的植物修剪成不规则的、自由起伏的“大刈込”。石组多用大块石，形成一种宏大凝重的气派。大书院、“大刈込”、大石组，构成这个时期园林的特点。

值得注意的是随茶道的发展而兴起的茶室和茶庭。千利休被称为茶道法祖，他提出的“佗”是茶室和茶庭的灵魂，意思是寂静、简素，在不足中体味完美，从欠缺中寻求至多等等。他所倡导的茶庵式茶室和茶庭，富有山陬村舍的气息，用材平常，景致简朴而有野趣。遗作有表千家的茶庭等。同时，石塔、石灯、水钵的布置和飞石、敷石的手法，由于在茶庭中的使用而有了进一步的发展。

江户时期的二百多年间大体处于承平时代，皇室贵族造园之风仍盛，各地诸侯因一年一度至江户参觐，纷纷在江户建造豪华的府邸庭园。因此，这一时期成为集过去历代造园艺术之大成的时期，涌现出一些杰出的造园家如小堀远州等。远州作过远江守，后又为德川幕府的“茶道师范”，以造园和茶事闻名遐迩。他的作品遗例有京都南禅寺金地院庭园和孤蓬庵庭园等。

江户时期除了有前一阶段发展起来的草庵式茶庭外，兴起了书院式茶庭，它的特点是在庭园中各茶室间用“回游道路”和“露路”联通，一般都设在大规模园林之中，如修学院离宫、桂离宫等。枯山水的运用也更为广泛，形式更多，出现了所谓“七五三式”“十六罗汉”式等品类。以前庭园中种植的植物重常绿树而轻花卉，到江户时期才开始大量种植花卉。单株植物修剪成的“小刈込”也发展起来。这个时期有代表性的庭园是江户初期智仁亲王在桂川边上所建的桂离宫和后水尾天皇为退位后居住而建的修学院离宫。此外，还有很多寺院庭园、茶庭、邸宅庭园的遗例。

明治维新以后，随着西方文化的输入，在欧美造园艺术的影响下，日本庭园开始了新的转折。一方面，庭园从特权阶层私有专用转为开放公有，国家开放了一批私园，也新建了大批公园；另一方面，西方的园路、喷泉、花坛、草坪等也开始在庭园中出现，使日本园林除原有的传统手法外，又增加了新的造园技艺。

种类　日本园林早期接受中国的影响，但在长期发展过程中形成了日本自己的特色，产生了多种式样的庭园，主要有：

林泉式或称池泉式，园中以水池为中心，布置岛、瀑布、土山、溪流、桥、亭、榭等。在大型庭园中还有“回游式”的环池设路或可兼作水面游览用的“回游兼舟游式”的环池设路等。

筑山庭是在庭园内堆土筑成假山，缀以石组、树木、飞石、石灯笼等。至江户末期，则有所谓“真、行、草”三体，主要是精致程度上的区别。真筑山：格局正规，工程复杂，置石最多，有守护石、请造石、控石、庭洞石、蜗罗石、月阴石、游御石等；行筑山：稍为简略，置石较少；草筑山：布置简朴，置石更少，风格则较柔和。

平庭这种庭园内部地势平坦，不筑土山。根据庭内敷材不同而有芝庭、苔庭、砂庭、石庭等。一般采用低矮的石组，配以园路、“刈込”及其他树木，其形式也根据园景繁简程度而分为真、行、草三种。

茶庭为与茶室相配的庭园，有禅院茶庭、书院茶庭、草庵式茶庭（通常称为露路、露地）三种，其中草庵式茶庭最具特色。草庵式茶庭四周有围篱，自院门至茶室设置一条园路，两侧用植被或白砂敷于地面，栽植树木，配置岩石，沿路设寄付（门口等待室）、中门、待合（等待室）、雪隐（厕所）、灯笼（照明用）、手洗钵（洗手用）、飞石（即步石）、延段（石块、石板混合铺成的路段）等待客所需的设备。又因茶庭区划不同而有一重露地、二重露地、三重露地三种；三重露地则有外、中、内三区庭园。

园林布置　就植物配置、山石、建筑分述如下：

日本庭园早期重常绿树而轻花卉，江户以后有所改进。园内地面常用细草、小竹类、蔓类、羊齿类、藓苔类等植物覆被，很少用砖石满铺。人工修剪的“刈込”是一大特色。

山石很少用石叠假山，一般用土山和石组。石组的式样变化很多。其他用石方式也多种多样，如石灯笼、飞石、泽飞（水中步石）、伽蓝石（利用石柱础铺于地面）、水手钵、井户围、石桥等。

园林建筑采用散点式布置，无蜿蜒的长廊。不论是书院造还是数寄屋，平面都很自由，布局开敞，外围的纸格扇可以拉开，使内外空间联成一片，有利于通风，也便于观赏园景。建筑风格素雅，屋面多用草、树皮、木板覆盖，仅少数大书院式庭院用瓦顶。木架、地板和装修一般都不用油漆，但做工精细，表面磨光露出木质纹理，或用带皮树干、竹、苇等自然材料。墙面用素土抹灰，不用涂料。因此，日本庭园整个建筑格调细腻而雅致。

［三、法隆寺］

日本佛教寺庙。位于日本奈良县大和郡山西南，古称斑鸠寺，有东西两院。东院建于天平十一年（739）。关于西院初建的与再建历史，自明治年间起就有争论，至今尚无定说，根据《法隆寺流记资材账》和金堂中的铭文可知最初是作为圣德太子的私寺建于推古时代。法隆寺素有日本古建文化宝库之誉。寺中保留了从奈良到镰仓、江户等各个时期的建筑物，是世界上现存最古老的木构建筑群；同时还汇集了飞鸟时代佛教美术的精粹，以及与历史事件有关的雕刻、绘画、书迹和工艺品等国宝。

西院以金堂（佛殿）和塔为中心，南为中门，北为平安时代所建的大讲堂；讲堂前两侧是钟楼（建于平安时代）和经藏（建于奈良时代）。塔和金堂并列，以回廊环绕，形成凸字形廊院，廊院外有僧房、“纲封藏”（宝物库）、食堂等。金堂、塔、中门和回廊保持着飞鸟时代的特征，柱子两端作明显的梭形卷杀，云形斗和云形拱、栌斗下有斗托（皿斗）等，可以看出受到中国南北朝时代建筑的影响。这与奈良时代受中国唐代建筑的影响的风格显然不同。

金堂平面为长方形，面阔5间，进深4间，立于两层台基之上，重檐歇山顶。下檐之下另有一层檐，称为“裳阶”，是后世所加。其内安置3尊金铜释迦像；四周有诸佛净土图、飞天等壁画，可惜在1949年维修中遭火灾烧残。位于金堂西侧的木塔平面呈方形，高31.9米，约为金堂的两倍。塔刹部分约占总高1/3弱。有檐5层，称“五重塔”。内部无楼层，不能登临。第1层檐下也有后加的裳阶，2层以上檐下都有装饰性栏杆。塔中心有一根贯通全塔的中心柱，承托刹上的相轮、宝珠等部件，塔身重量则由外檐柱和4个天柱承担。中心柱下有埋置舍利的孔穴。中门进深3间，面阔4间，入口处有中柱和左右两门。这种做法为中国汉代以前的宫室、祠庙和墓室普遍应用。回廊由中门向两侧

日本法隆寺金堂

伸展，折而向北，原作矩形闭合，10 世纪末重建讲堂和钟楼时，将北侧回廊向北推进成为现状。

东院以八角形平面的梦殿(即观音殿)为中心,环以回廊,前有南门、礼堂,北有收藏圣德太子遗物的宝藏（后称舍利殿、绘殿），再北是相当于讲堂的传法堂。其中梦殿和传法堂为东院初建时的遗物。

[四、唐招提寺]

日本奈良市(古平城京所在地)的佛寺。由中国唐代高僧鉴真于759年奠基，其弟子如宝负责建筑工程。当时完成的金堂（大殿）、讲堂、东塔等建筑物，反映了中国唐代建筑的风格。

金堂面阔 7 间，进深 4 间，第一进开敞，形成柱廊，中间 5 间开门，两侧梢间开窗。建筑正面全长 28.5 米，单檐庑殿顶，屋顶正脊西端鸱尾为奈良时代遗物，东端鸱尾系后世仿制，原建坡度平缓，后来改建成陡峻的形式。木

日本唐招提寺

构架做法近似金箱斗底槽。柱子粗壮，不作梭形，仅柱头作覆盆形卷杀。柱高与开间比例略呈方形，斗拱的高度占柱高近一半。粗壮的柱身、高大的斗拱和深远的出檐，使建筑显得非常雄健有力。室内用天花。殿身以朱、白二色为主，木构件刷丹土，墙面白色。殿内柱梁当初绘有佛像和宝相花，斗 、支条、天花上也有彩绘装饰，现已暗淡剥落。佛坛中间是卢舍那佛，东西两侧分别为药师佛和千手观音，周围有四天王等。

金堂同中国唐代五台山佛光寺大殿有许多相似之处，但尺度较小，斗拱较简单。

[五、平等院凤凰堂]

日本宇治市的一座佛教建筑，建于1053年。永承六年（1051）日本太政大臣藤原赖通舍别业为佛寺，称为平等院，随后建凤凰堂。平等院规模宏大，除凤凰堂外，还有大殿、塔、钟楼、经藏、东西法华堂等。几经兵燹，现仅存凤凰堂。

凤凰堂内供阿弥陀佛坐像，殿门东向，前有水池。殿的平面模拟凤凰飞翔之状：正殿为凤身，左右廊为凤翅，后廊是凤尾，富有变化。正殿重檐歇山顶，两翼檐下加装饰性平坐，转角部分升高作攒尖顶楼阁，富丽豪华。正殿正脊两端各置一铜凤凰，门上和檐下缀各种铜饰，殿内有精美的绘画和雕刻，还用髹漆、螺钿、金箔、珠玉、金属透雕等多种工艺作装饰。内柱、斗拱、天花彩绘宝相花，四面门和壁上画有佛经故事，四壁饰菩萨雕像。殿中央佛像顶上悬挂华丽的大天盖。